土木建筑类新形态融媒体教材
园林工程技术专业群系列教材

园林植物与应用

主　编　龚雪梅　师阳阳
副主编　吴旭丽　陈艳琴　宋朝伟
主　审　祝志勇

科学出版社
北　京

内 容 简 介

本书以园林植物的应用与识别为主线，包括课程导入和两大部分。课程导入宏观地介绍植物的生态功能及园林植物生态系统；第一部分系统介绍植物在园林建造中的功能、植物学基础及园林植物的应用形式；第二部分从别名、学名、科属、形态特征、生态习性、园林应用等方面对园林中主要应用的植物进行图文并茂的分类介绍。本书以学生实战操作为主体，配有与项目直接关联的基本理论知识和范例，以满足植物景观设计岗位需要为目标，以仿真园林企业景观设计操作为教学方式，以推行教、学、做一体化项目教学为目的。

本书可作为高职高专土木建筑类园林工程技术等专业的教学用书，也可作为相关领域从业者的参考用书。

图书在版编目（CIP）数据

园林植物与应用/龚雪梅，师阳阳主编. —北京：科学出版社，2021.12（2023.6 修订）

“十四五”职业教育国家规划教材　土木建筑类新形态融媒体教材　园林工程技术专业群系列教材

ISBN 978-7-03-071109-0

Ⅰ. ①园…　Ⅱ. ①龚…　②师…　Ⅲ. ①园林植物-高等职业教育-教材　Ⅳ. ①S68

中国版本图书馆 CIP 数据核字（2021）第 261246 号

责任编辑：张振华 / 责任校对：马英菊

责任印制：吕春珉 / 封面设计：东方人华平面设计部

科学出版社出版

北京东黄城根北街 16 号

邮政编码：100717

http://www.sciencep.com

三河市骏杰印刷有限公司 印刷

科学出版社发行　各地新华书店经销

*

2021 年 12 月第 一 版　开本：787×1092　1/16

2024 年 1 月第二次印刷　印张：13 1/4

字数：300 000

定价：58.00 元

（如有印装质量问题，我社负责调换〈骏杰〉）

销售部电话 010-62136230　编辑部电话 010-62135120-2005

前　　言

随着现代生产力的发展和人民生活水平的提高，人们对美好生活的追求从数量型转为质量型，从物质型转为精神型，从户内型转为户外型，生态休闲正在成为人们日益增长的生活需求的重要组成部分。就一个城市来说，生态环境越好，就越能吸引人才、资金和物资，处于竞争的有利地位。因此，建设生态城市已成为城市竞争的焦点和经济社会可持续发展的重要基础。目前，许多城市提出建设“生态城市”“花园城市”“森林城市”的目标，城市园林建设越来越受到重视，促进了园林行业的蓬勃发展；与此同时，乡村振兴战略的实施，促使社会对园林类专业人才的需求日益增加。人们对生存环境的生态质量和景观质量的要求不断提高，渴望回归自然的呼声趋于强烈，植物在城市生态环境中的地位越来越重要。学会识别和使用各种园林植物，是城市规划、小区规划、建筑环境设计等专业工作领域的基本能力，也是从事城市生态建设的基础。

“园林植物与应用”是高等职业院校城乡规划、园林工程技术、环境艺术等专业的一门专业基础课程。本书编写贯彻党的二十大报告精神，围绕“培养什么人、怎样培养人、为谁培养人”这一教育根本问题，以落实立德树人为根本任务，以学生综合职业能力培养为中心，以培养卓越工程师、大国工匠、高技能人才为目标，对接城市规划与设计、园林工程技术专业高技能人才的职业岗位所需要的园林植物基本知识、技能和素养要求，同时紧密结合职业资格证书考核的基本要求。

本书的内容涵盖园林植物的生物学、生态学、美学、植物造景与配植的技术与艺术等多学科知识，兼具基础性和应用性，从理论与实践两个方面对园林植物的识别与应用进行系统的内容安排。

本书具体包括课程导入和两大部分。课程导入主要介绍植物的生态功能、生物因子间的生态关系、植物群落的基本特征和动态变化、城市园林植物群落、我国的植被分布规律及生态学原理在园林中的应用。第一部分包括 3 个单元：单元 1 主要介绍植物的建造功能、观赏功能、美学功能；单元 2 主要介绍植物的根、茎、叶、花、果实和种子；单元 3 主要介绍园林植物的孤植、对植、列植、丛植、群植、林植、绿篱，以及垂直绿化和屋顶花园设计。第二部分包括 2 个单元：单元 4 主要介绍我国北方园林中应用普遍的银杏科、松科、柏科、杉科的 14 种裸子植物；单元 5 主要介绍我国北方园林中应用普遍的 27 个科的 82 种被子植物。

本书具有以下特色。

1）内容与实际工作任务对接。本书内容是针对城市规划设计与园林从业人员的职业岗位对园林植物专业知识与技能分析而安排的，针对性强，突出园林植物基本知识和技能及其应用的掌握。

2）内容全面，针对性强。本书介绍我国园林中常用的传统优良园林植物，重点介绍近几年在园林中引种的新、优、特等园林植物种类，同时体现北方园林植物和乡土树种特色，并做到文字与图片对应，图文并茂。

3）理论与实践紧密结合。本书不仅包括基本理论知识，还设置有实训内容，提出实训目标，将园林植物的理论知识与实践技能紧密结合起来。

本书由龚雪梅（阜阳职业技术学院）和师阳阳（山西工程科技职业大学）担任主编，吴旭丽（新疆应用职业技术学院）、陈艳琴（山西工程科技职业大学）、宋朝伟（阜阳职业技术学院）担任副主编，韩金汾（山西工程科技职业大学）、李琳（阜阳职业技术学院）、杜娟（石家庄职业技术学院）、王昕（山西工程科技职业大学）、张娟（阜阳市园林管理处）参与编写。祝志勇（宁波城市职业技术学院）对全书内容进行审定。

在编写本书的过程中，得到了同济大学、阜阳职业技术学院和山西工程科技职业大学同人的支持，引用和参考了许多相关教材、专著和论文，在此一并致谢！

由于编者水平有限，书中难免会有不足，敬请广大读者批评指正。

编　者

2023 年 6 月

目　录

第一部分 植物学基础及植物在园林中的功能和应用

第二部分 园林植物的主要种类及其应用

课程导入

植物的生态功能及园林植物生态系统

◎ 单元导读

城市园林植物群落的空间结构、特点和作用是城市园林植物配植与应用的主要依据，不同的群落结构会形成不同的生态环境。城市园林植物群落的空间结构主要包括垂直结构和水平结构。相较于自然植物群落，城市园林植物群落具有生境特化、外貌与季相明显等特点。园林植物群落的作用包括改善和调节生态环境、提高城市舒适度、保护水土、涵养水源等。

◎ 学习目标

知识目标

1. 了解植物的生态功能。
2. 理解种间竞争关系和优势种的概念。
3. 掌握城市园林植物群落的垂直结构和水平结构的特点。
4. 了解生态学在园林绿化工作中的应用价值。

能力目标

1. 能观察和记录园林植物的形态、习性，并进行分析和归纳。
2. 能进行园林植物群落结构特征调查。

素养目标

1. 树立正确的学习观，培养职业认同感、责任感和荣誉感。
2. 坚定技能报国、民族复兴的信念，立志成为行业拔尖人才。

我国国土辽阔，地跨北温带和热带，山岭逶迤、江川纵横，奇花异木种类繁多，风景资源极为丰富，称得上是个多彩多姿的大花园。我国园林始于3000多年前商周时期的“囿”，它是我国古代早期供帝王贵族进行狩猎、游乐的一种园林类型，通常为选定地域后划出范围，或筑界垣，“囿”中草木鸟兽自然滋生繁育。《诗经·大雅》中记述了最早的周文王的灵囿。秦汉以后，“囿”都建于宫苑中。按照《风景园林基本术语标准》（CJJ/T 91—2017），园林是指在一定地域内运用工程技术和艺术手段，创作而成的优美的游憩境域。

视频：园林植物的基本概念及内涵

在我国传统园林中，园林是由山石、水体、建筑和植物等物质要素构成的，植物是四大造园要素之一。英国造园家曾提出：园林设计归根结底是植物材料的设计，其目的就是改善人类的生态环境，其他内容只能在一个有植物的环境中发挥作用。园林植物是园林绿化风景建设和保持良好生态环境极为重要的因素。从概念上讲，凡适合各种风景名胜区、休疗养胜地和城乡各类型园林绿地应用的植物，均可称为园林植物。按照《风景园林基本术语标准》（CJJ/T 91—2017），园林植物是指适用于园林中栽植且具有观赏价值的植物。园林植物一般包括乔木、灌木、地被、花卉、草坪、湿地植物、岩生植物，以及藤本植物等。

园林植物与应用是以城市规划、园林建设为目的，对园林树木的分类、习性、繁殖、栽培管理和应用等方面进行系统研究的一门学科，是园林类专业的专业基础课程。因为园林植物种类繁多，地域性差异很大，形态、习性各有不同，在学习上有一定难度，所以在学习方法上要注意理论联系实际，多对植物及标本进行观察和记录，在勤于思考、多做分析、比较和归纳工作的同时，还应注意本课程与相关专业课程间的有机联系，只有这样才可以获得更好的学习成效。

0.1 植物的生态功能

园林植物是具有生命的有机体，在园林中可以营造出不同的景观效果，它的叶、花、果、树姿均具有无比的魅力，除改善环境外，植物个体独特的形态、色彩、味道、质感造就了不同的观赏效果。例如，春季枝头嫩绿，夏季绿叶成荫，秋季硕果累累，冬季银装素裹。

0.1.1 调节温度和空气湿度

夏季，人们在树荫下会感到凉爽和舒适，这是由于绿色植物不仅能通过叶片的阻隔、反射和吸收挡去部分太阳光直射，还能通过光合作用和蒸腾作用消耗热量，使树下气温降低。试验表明，树木的枝叶能够将太阳辐射到树冠的热量吸收35%左右，反射到空中20%～25%，加上树叶可以散发一部分热量，因此，树荫下的温度可比空旷地降低5～8℃，而空气相对湿度则增加15%～20%。夏季中午，有地被的地面比硬质铺装地辐射热低。例如，世博园生态墙（图0-1-1）可以保温节能。冬季，树木可以阻挡寒风袭击和延续散热，能稍微提高温度。

图0-1-1 世博园生态墙

通常，人在安静状态下，体感最舒适的温度为 21～24℃，相对湿度是 40%～60%，风速是 2～5m/s。上海市园林科学规划研究院曾测定，丁香花园增湿 6%，淮海公园增湿 2%，动物园天鹅湖增湿 36%，树木一般增湿 4%～30%，特别是叶厚、皮厚、含水特别多的植物（如珊瑚树、厚皮香、木荷等），可以增大空气湿度。

园林植物对改善小环境内的空气湿度有很大作用。植物根系从土壤中吸收的水分，绝大部分通过蒸腾作用散失到空气中。据计算，树木在生长过程中所蒸腾的水分要比它本身的重量大 300～400 倍。1 公顷阔叶林夏天要向空气中蒸腾 2500 吨以上的水分。1 公顷松林每年可蒸腾近 500 吨水分。不同的树种具有不同的蒸腾能力，在城市绿化时选择蒸腾能力较强的树种对提高空气湿度具有明显作用。

0.1.2　防风固沙

“独木不成林，一花不成春”，树木成林，可以降低风速，发挥防风作用，如防风固沙林带（图 0-1-2）。据测定，林带背后树高 20～30 倍的范围内，有显著的防护效能，风速可降低 30%～50%。林带还能削弱风的携沙能力；另外，树木有庞大的根系可以紧固沙粒，使流沙变为固沙。树木组成防风林带，以半透风结构的防风效果为好，植物降低风速的程度，主要取决于植物体形的大小及树叶的茂盛程度。在防风能力方面，乔木优于灌木，灌木优于草木，阔叶树优于针叶树，常绿阔叶树优于落叶阔叶树。若以固沙为主要目的，则紧密结构的防沙林带更有效。

图 0-1-2　防风固沙林带

0.1.3　防止水土流失

大面积种植绿色植物，对保持水土、涵养水源有很大作用。植物根系盘根错节，有固土、固石的能力，有利于水分渗入土壤下层，枝叶可遮拦降雨的能量，树木的落叶可形成松软的死地被物，能阻截地表径流，使之渗入地下，从而减少暴雨所造成的水土流失（图 0-1-3）。

图 0-1-3　固土护坡

0.1.4　吸收二氧化碳，释放氧气

绿色植物在光合作用过程中吸收大量的二氧化碳为原料制造有机物，同时向空气中释放大量氧气，使大气中的二氧化碳和氧气的含量保持平衡，满足人和动物对氧气的需要。据测定，在生长季，1 公顷阔叶林每天能吸收 1 吨二氧化碳，放出 0.73 吨氧气。如果以成年人每天呼吸消耗 0.75 千克氧气计算，每人有 10 平方米的树木覆盖面积，就大致可以满足呼吸作用所需的氧气。实际上还有燃烧等对氧气的消耗。城市绿肺——合肥市庐阳区的庐州公园见图 0-1-4。

图 0-1-4　城市绿肺——合肥市庐阳区的庐州公园

0.1.5　吸收和转化有毒气体

随着工业的发展，工厂经常排出有毒气体，如二氧化碳、氟化氢、氯气等，严重危害人们的身体健康，破坏生态平衡。因此，环境保护越来越被人们重视。有些植物能吸收和转化一部分有毒气体，如柳杉、臭椿能吸收二氧化硫，刺槐（图 0-1-5）、女贞能吸收氟化氢，栒子、夹竹桃能吸收氯气等。有些植物对有毒气体特别敏感，如果空气中有毒气体增加，这些植物就会出现中毒现象。因此，这些植物可作为指示植物。另外，松、柏等植

物能分泌杀菌素将一些病菌杀死。

图 0-1-5　刺槐

0.1.6　吸滞尘埃

大气中除受有害气体污染外，在城市里街道场地还产生大量尘埃，工厂排放炭粒和铅、汞微粒等粉尘，它们进入人们的呼吸道，可引起气管炎、支气管炎；进入人们的肺部能引起肺炎、尘肺和结核病等。植物，特别是树木的叶子，有的表面粗糙，有的长有绒毛，有的能分泌黏液，它们能吸附空气中的灰尘和粉尘。蒙尘的植物，经过雨水清洗，又能恢复吸尘作用。据测定，每 666.7 平方米树林地一年可滞留粉尘 6 吨左右。不同树种的滞尘量见表 0-1-1。

表 0-1-1　不同树种的滞尘量

树种	滞尘量/（克/平方米）
榆树	12.27
朴树	9.37
广玉兰（图 0-1-6）	7.10
大叶黄杨	6.63
夹竹桃	5.28
悬铃木	3.73

图 0-1-6　广玉兰

0.1.7　杀菌抑菌

空气中散布着各种细菌，不少是对人体有害的病菌，但在绿化区，每 1 立方米空气中的细菌含量要比闹市区少得多。原因有二：一是绿化区空气中灰尘少，从而减少了细菌数量；二是许多植物能分泌杀菌素，如松树（图 0-1-7）分泌的杀菌素，挥发到空气中，可杀死白喉菌、痢疾菌和结核菌，1 公顷桧柏林每天能分泌 30 千克的杀菌素。

图 0-2-1 寄生植物菟丝子

寄生物不仅在寄主体内吸收营养，还干扰寄主的正常生理活动。例如，菌类寄生常使寄主植物呼吸速率加速 1～2 倍，光合作用强度降低 25%～30%；真菌寄生常使寄主植物遭受很多病害，常见的有白粉病、斑叶病、锈病、立枯病，引起寄主植物生活力衰退、枝干扭曲等。

（2）互利共生关系

互利共生是指两种植物共同生活在一起并形成相互依赖、对双方都有利的关系。例如，兰科、松科、桦木科、栎类等高等植物与真菌共生形成菌根，菌根的菌丝体在土壤中分枝很多，能够分解有机物，促进植物根系新陈代谢，改良土壤，保护根系，而真菌从高等植物根中吸收碳水化合物和其他有机化合物或利用其根系分泌物，二者互利共生；豆科植物与根瘤菌共生形成根瘤（图 0-2-2），赤杨与放线菌共生形成根瘤，热带植物与杆菌共生形成叶瘤，它们都具有固氮能力。另外，能够适应极端环境的地衣是藻类和真菌共同组成的复合体，也属于互利共生关系。

图 0-2-2 豆科植物与根瘤菌共生形成根瘤

（3）根连生关系

在密度较大的植物群落中，植物根系有时相互连接在一起，这种现象称为根连生

（图 0-2-3）。根连生达到一定程度后，两个根系连生的个体能够彼此交换营养和水分，促进树木生长发育，但也容易相互感染病菌。健康的优势树木也能通过根连生夺取其他树木的养分和水分，造成其他树木生长衰退。

（4）依存关系

任何植物的生存都会改变其周围的环境，一般表现为遮阴、降低温度、增加湿度等，而改变了的环境正是它相邻的植物的生存环境。例如，在园林植物群落中，高大的乔木为耐阴喜湿的灌木或草本植物创造适宜的生长环境（图 0-2-4），而灌木、草本植物的枯落物被微生物分解后为乔木提供营养物质。

图 0-2-3 根连生

图 0-2-4 乔木与灌木的依存关系

2. 机械性相互关系

（1）附生关系

附生是指一种植物定居在另一植物体表面的现象，附生植物与被附生植物只在定居的空间上发生联系，它们之间没有营养物质的交流。例如，附生在树木上的地衣、苔藓、蕨类和兰科植物，它们通过自身的光合作用制造自己所需的有机养料，从降水、尘埃或腐烂树皮中获得矿质元素、水分。在晴朗干燥的天气，附生物失水呈假死状态。

附生现象在北方园林树木上很少出现，在湿度大的南方森林公园出现较多，并形成一些独特的景观。例如，山地针叶林下的长松萝，长达几十米，挂满树枝，形态似胡须，有森林“胡须”之称（图 0-2-5）。

（2）缠绕关系

缠绕关系是指一些攀缘藤本植物，本身茎不能直立，利用其他的树干作为机械支撑，从而获得更多光照的生活方式。这些植物主要存在于热带、亚热带潮湿的森林中，如榼藤子、风车藤、刺果藤和羊蹄甲属的一些植物。我国北方地区藤本植物种类较少，主要有五味子、猕猴桃（图 0-2-6）、山葡萄、南蛇藤等。藤本植物生长过于茂盛，会与被缠绕树木竞争光照，影响树木的光合作用，还能使树干输导功能受到影响、树干弯曲变形。

图 0-2-5 长松萝与树枝的附生关系

图 0-2-6　猕猴桃的缠绕

（3）绞杀作用

绞杀植物的绞杀作用介于藤本植物和附生植物之间，最初只是与附生植物一样附着在树木的枝干上，而后一方面与藤本植物一样向上攀缘与树木争夺阳光，另一方面长出气生根扎入土壤与树木争夺矿物营养，同时气生根形成网状包围树干，并逐渐愈合成绞杀植物自己的树干，最后使原来的树木得不到阳光和矿物营养而死去，绞杀植物则形成一株新的大树。常见的绞杀植物是榕属（图 0-2-7）（如斜叶榕、高山榕）和鹅掌柴属的一些植物。

图 0-2-7　榕树绞杀

（4）树干挤压

树干挤压是指林内两个树干部分或大部分紧密接触互相挤压的现象。天然林内有这种现象，人工林内多在树木受风和畜、兽类的机械作用产生倾斜时出现。树干挤压能造成摩擦、损害形成层，随着林木双方的进一步发育，也有可能互相连接，长成一体，如通常所说的连理枝。

（5）树冠摩擦

树冠摩擦是指森林中的树枝受风的影响而产生的相互碰撞、摩擦（图 0-2-8）。在针阔叶混交林中，阔叶树枝较长又具有弹性，受风作用便与针叶树冠产生摩擦，使针叶、芽、

幼枝等受到损害。林下更新的针叶幼树经过幼年缓慢生长阶段后，穿过阔叶林冠层时，树冠摩擦是比较普遍的现象，常造成树种更替过程的推迟。

图 0-2-8 树冠摩擦

3. 化感作用

化感作用也称异株克生、他感作用，是指植物（微生物）通过向周围环境中释放化学物质对邻近植物产生直接或间接影响的现象。植物化感物质以酚类化合物和烯萜类为主，它们通过挥发、根分泌、雨水淋溶和残体分解等途径释放出来，对其他植物的生长发育产生抑制或促进作用。

植物中最典型的化感作用的例子是黑胡桃对其他植物的抑制作用。黑胡桃的叶、果实和其他组织能分泌胡桃醌，胡桃醌淋溶到土壤中后被氧化，对其他植物的生长、发芽产生强烈的抑制作用，因此黑胡桃周围很少生长其他植物（图 0-2-9）。再如，桃树的根中存在扁桃苷，分解后产生苯甲醛，严重危害桃树更新，一般老的桃树根未清除前，新的桃树无法长起来。园林植物中还有许多，如黑樱桃、木荷、臭椿、桉树、欧洲松、欧洲落叶松等均存在化感物质。有些植物的化学分泌物对其他植物也会产生促进作用，如皂荚和白蜡树，槭树和苹果树、梨树，葡萄和紫罗兰等，它们之间可通过化学分泌物相互促进。化感作用也存在于同种植物之间，如沙漠上的一些植物在遇到缺水胁迫时会产生自毒现象，某些农作物（如水稻）和果树（如桃树、苹果树）不能连作皆因化感作用。

图 0-2-9 独株黑胡桃

4. 资源竞争关系

资源竞争关系是指植物间为争夺环境中的能量和资源而发生的相互作用，这种现象只有在它们的需求超过共同资源供应时才会发生，在种内和种间都存在。另外，具有相似生态习性的植物种之间的竞争最为激烈。种内因为个体间有完全相同的生态习性，所以种内竞争的激烈程度远远大于种间竞争。

植物间的竞争主要表现在对水分、营养、光、空间等的争夺上。植物的根系在对水分和营养的竞争中起到重要作用，处于同一层次的根系竞争最激烈。在园林植物配植上，使各种植物根系处在不同层次上，可避免同层竞争。在对光的竞争中，上层高大植株能得到充足的光照，在竞争中处于有利地位，下层矮小植株往往会因受光的限制而生长缓慢或死亡。在同龄林木中，郁闭的林木随着年龄的增长，个体间对空间和资源的竞争会逐渐加强，使单位面积林木株数不断减少，单位面积林木的蓄积量及总生物量不断增加，这种现象称为自然稀疏，是竞争引起的个体间的密度效应的体现。因此，在城市绿化中要设计合理的种植密度，避免人力物力的浪费。

种间竞争问题涉及“生态位”这个概念，它是指在自然生态系统中一种群在时间、空间上所处的位置及其与相关种群的功能关系。种群是同种个体的集合。在同一个稳定的群落中，如果两个种群占据相同的生态位，最终就会导致一个种群占优势，另一个种群消失；若不同种具有各自不同的生态位，则能避免种间的直接竞争，从而保证种群的稳定性；由多个物种组成的植物群落比由单一物种组成的群落更能有效利用环境资源，并且更具有稳定性，因为各种群对时间、空间和资源的利用及相互作用的方式都趋向互补，而不是直接竞争。上述这些理论对指导城市人工植物群落建立和园林植物的配植具有十分重要的意义。

0.2.2 植物与动物间的关系

动物也是植物群落的组成成分，它们与植物相互作用并相互影响。植物为动物提供了食物和栖息场所，动物对植物的生长发育、繁殖等也起着重要作用。

1. 营养关系

动物与植物互为营养关系。动物通过翻动、粉碎有机物，促进土壤有机质的分解，为植物提供更多的有效养分，同时动物的残体也是植物的重要养分来源。任何动物都直接或间接以植物为食，有些鸟类（图 0-2-10）、昆虫、啮齿动物以植物种子为主要食物；有些鸟喜食植物幼芽、嫩枝和花序；有些害虫以树叶、小枝、树干为食；有些兽类经常取食芽和幼叶、嫩枝、树皮、树根等。

植物在被动物取食而受损害时，并不完全是被动的，而是具有各种补偿机制的。例如，植物的一些枝叶在受损害后，自然落叶减少，而整株的光合效率可能加强，但植物承受的被食程度一般有限，过度被食会造成植物生长变缓、死亡甚至灭绝，过度放牧导致草场退化就是这个道理。

植物被食的同时，在群落中还生活着以植食性兽类、鸟类和昆虫为食的动物。例如，驼鹿、啄木鸟、燕子、大山雀、瓢虫和步甲等是植物的卫士，对植物起保护作用。

图 0-2-10　鸟类进食

2. 传粉关系

植物靠动物传播花粉，是发生于有花植物与动物传粉者之间的共生现象。多数有花植物是依靠昆虫传粉的，地球上有 90%的有花植物是虫媒植物，还有些植物依靠蝙蝠和鸟类传粉，鸟类中大约有 2000 种能传粉。

3. 种子散播关系

许多植物依靠动物散布种子。小鸟把种子吞到肚子里，经鸟粪排出，种子就可以被传播到新的地方；有些小粒种子，如桦树、杨树的种子常常由蚂蚁搬动传播（图 0-2-11）；有些种子的外面生有刺毛、倒钩或能分泌黏液，只要轻轻一碰，就会立即黏附到动物的毛、羽上，如苍耳、窃衣、鬼针草等；有些植物的果实色彩鲜艳、香甜多汁，可吸引动物前来取食，借此散播种子；还有一些坚果类的种子，如板栗、松子等是松鼠喜爱的食物，它们被松鼠搬回“家”储存起来，一部分会被吃掉，散落地上的来年就生根发芽了。

图 0-2-11　蚂蚁搬种子

0.3 植物群落的基本特征

在自然界，没有一个生物个体能够长期单独存在，它们或多或少与其他生物有着直接或间接的联系，不同种生物相互作用、相互联系形成一个整体。植物群落是指一定时间内居住在一定空间范围内有规律地共同生活在一起的全部植物的集合，如一块草地、一片树林中所有植物就可以组成一个植物群落。植物群落的基本特征是具有一定的种类组成和种间的数量比例，具有一定的结构和外貌，具有一定的生境条件，执行着一定的功能。其中植物与植物、植物与环境之间存在着一定的相互关系，植物群落是环境选择的结果；每个植物群落在空间上占有一定的分布区域，在时间上是植被发育过程中的某一阶段。植物群落按其形成和发展过程中受人类干扰的程度可分为自然植物群落和人工植物群落。一些自然保护区、森林公园的植物群落是自然形成的，属于自然植物群落；而城市中大部分植物群落是人工栽培形成的，属于人工植物群落。

0.3.1 植物群落的种类组成

1. 植物群落的成员类型

植物群落的种类组成是决定群落性质最重要的因素，也是鉴别不同群落类型的首要特征。从理论上讲，植物群落的组成应包括群落中所有种类的植物、动物和微生物，但在实际调查中，常因研究对象和目的的不同而有所侧重。对园林工作者而言，通常注意的是群落中的高等植物成分。

根据在群落中的地位及数量特征，可以把植物种划分为以下几种群落成员类型。

（1）优势种和建群种

对群落的结构和群落环境的形成有明显控制作用的植物种称为优势种，它们通常是那些个体数量多、投影盖度大、生物量高、体积较大、生活能力强，即优势度较大的种。建群种是优势种中的最优者，是群落的建造者，在许多情况下优势种就是建群种。例如，森林群落中乔木层中的优势种即建群种，是群落中最重要的种。如果群落中建群种只有一个，该群落就称为单建种群落；如果具有两个或两个以上同等重要的建群种，该群落就称为共建种群落。热带森林几乎全是共建种群落，北方森林则多为单建种群落。

优势种对整个群落具有控制性影响，如果把群落中的优势种去除，就会导致群落性质和环境的变化。因此，不仅要保护珍稀濒危植物，还要保护建群植物和优势植物，它们对生态系统的稳定起着举足轻重的作用。

（2）亚优势种

亚优势种是指个体数量与作用都次于优势种，但在决定群落性质和控制群落环境方面仍起一定作用的植物种。在复层群落中，它通常居于较低的下层，如兴安落叶松林中常混生数量不等的白桦（图 0-3-1）、蒙古栎、樟子松等乔木树种，这些树种在乔木层中成为亚优势种。

（3）伴生种

伴生种为群落中的常见种，它与优势种相伴存在，但在决定群落性质和控制群落环境

方面不起主要作用，如兴安落叶松林（图 0-3-2）中常有崖柳、多叶大刺蔷薇、赤杨等伴生。

图 0-3-1　白桦

图 0-3-2　兴安落叶松林

（4）偶见种

偶见种是在群落中出现频率很低的物种，多半数量稀少，如兴安落叶松林中偶尔可以见到的红皮云杉（图 0-3-3）等。

图 0-3-3　红皮云杉

植物群落中各个种的重要程度一般用优势度和重要值作为划分指标，而优势度和重要值又根据物种的密度、多度、盖度、频度等指标来确定。关于这些数量指标的估测问题将在实训指导中阐述。

2. 群落的物种多样性

物种多样性是生物多样性的 3 个层次之一。生物多样性是指生物中的多样化和变异性及物种生境的生态复杂性，它分为遗传多样性、物种多样性和生态系统多样性 3 个层次。其中，遗传多样性是指地球上所有生物携带的遗传信息的总和，它通过物种演化过程中遗传物质突变并累积而形成。物种具有的遗传变异越丰富，它对生存环境的适应能力就越强，进化潜力也越大。生态系统多样性是基于物种的多样性，也就离不开不同物种所具有的遗传多样性。遗传多样性既是生物多样性的重要组成部分，也是生物多样性的重要基础。

物种多样性是指地球上生物有机体的多样性，它有两种含义：一是指一个群落或生境中物种数目的多寡，即物种的丰富度；二是指一个群落或生境中全部物种个体数目的分配状况及物种的均匀度。一般而言，物种多样性具有随纬度增高而逐渐降低的趋势，并随海拔升高而逐渐降低。例如，在云南南部热带森林里，在0.25公顷样地面积中，主要高等植物达130种左右，而东北落叶松林同样面积样地中主要高等植物只有30～40种。

物种多样性能影响植物群落对有害生物的自然控制力。由多种植物构成的群落对有害生物的侵害有更强的抵抗力。天敌在这样的群落中对有害生物的压制能力更强，加之有害生物的寄生分散，从而降低病虫害的发生概率。

一般来说，纯林植物种类单一，植物与其他生物类群组成简单，生物多样性低，天敌种类少，对有害生物的控制能力弱，多数病虫害尤其是食性窄的种类容易在由单一寄主植物构成的群落中发生。混交林内植物与其他生物类群比较复杂，各种生物间形成复杂的生物网，相互制约，增强了生物类群的自控能力。调查发现，纯林中马尾松毛虫天敌只有10余种，而马尾松与阔叶混交林中天敌多达几十种。在园林生产上，要通过栽培养护措施来提高植物个体的抗病虫性，还要通过合理配植植物种类和保护天敌增加生物多样性来降低园林病虫害的发生概率。

0.3.2 植物群落的外貌与季相

微课：春季园林植物赏析

微课：秋季园林植物赏析

1. 植物群落的外貌

植物群落的外貌是指植物群落的外部形态或表相，它是群落中生物与生物间，生物与环境间相互作用的综合反映，是人们认识群落的基础。人们常根据陆地群落的外貌特征将其区分为森林、草原和荒漠等，又根据森林的外貌特征将其区分为针叶林、落叶阔叶林、常绿阔叶林和热带雨林等。植物群落的外貌主要取决于群落占优势的生活型和层片结构。层片是植物群落内同一生活型植物的组合。有时当一个层片季相变化时，甚至能影响另一层片的出现和消失。例如，北方的落叶阔叶林，早春由于乔木层片的树木尚未长叶，林内透光度较大，林木出现一个春季开花的草本层片；入夏乔木长叶林冠遮阴，草本层片则逐渐消失，这种随季节出现的层片称为季节层片。

2. 植物群落的季相

植物群落的季相是指随着气候季节性交替，群落呈现不同外貌的现象，是植物群落适应环境条件的一种表现形式。植物群落季相变化的主要标志是群落主要层的物候变化。温带地区四季分明，群落的季相最显著。春季各种植物开始发芽、抽叶开花；入夏后炎热多雨，植物进入生长旺季，枝叶茂密，整个群落呈现出浓绿色；秋季许多树种在落叶以前由浓绿逐渐变黄、变红，群落外貌鲜艳夺目；冬季是落叶和休眠期，群落的外貌呈现出一片光秃和灰色甚至是白雪皑皑的景象（图0-3-4）。常绿针叶林的季相变化远不如落叶针叶林明显，主要表现为春季雄花序的开放和秋后地被物的枯黄。常绿阔叶林季相变化更小，终年以绿色为主。温带地区的园林植物群落，如果采用针阔混交，并合理配植花、叶有季相的植物，也能够呈现四季常绿、三季有花的景观。

图 0-3-4　冬季的针叶林

0.3.3　植物群落的结构

1. 植物群落的垂直结构

植物群落的垂直结构即群落的成层现象，成层现象是植物群落与环境条件相互适应的一种形式。一般植物群落所处的环境条件越丰富，群落层次越多，垂直结构越复杂；反之，群落的层次越少，垂直结构越简单。陆生植物包括地上成层和地下成层，地上部分植物的分层主要与光的利用有关。森林群落从上往下依次可划分为乔木层、灌木层、草本层和地被层等层次，群落的地下根系常与地上的层次对应。一般乔木的根系入土最深，灌木较浅，草本植物的根系则多分布于土壤表层（图 0-3-5）。群落的垂直结构是自然选择的结果，成层现象使植物能最大限度并有效地利用群落中的空间，显著提高植物利用环境资源的能力。

图 0-3-5　森林的分层现象

（资料来源：徐凤翔，赵彬，1997. 西藏高原森林生态景观[M]. 北京：中国林业出版社.）

2. 植物群落的水平结构

植物群落的水平结构是指群落在水平方向的配植状况或水平格局，自然植物群落的水平结构表现为随机分布、集群分布、均匀分布 3 种类型。在多数情况下，群落内的各物种常常形成片状或斑块状镶嵌分布，每个斑块就是一个小群落（图 0-3-6）。植物种的繁殖特点、环境因子的不均匀性和种间的相互作用是群落镶嵌性的主要原因。

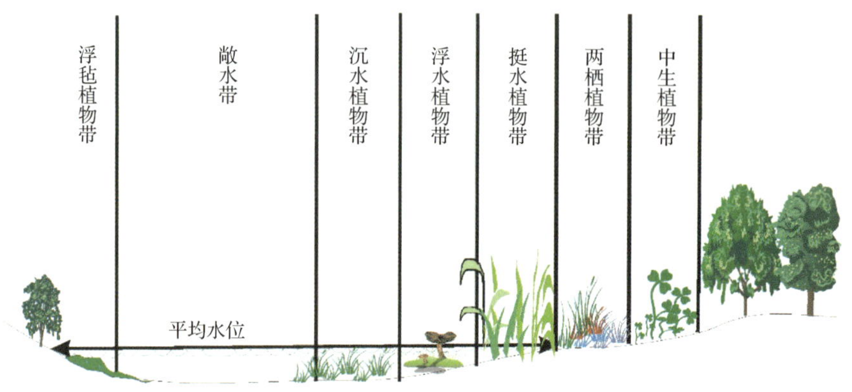

图 0-3-6　湿地植物的水平结构

0.4　植物群落的动态变化

0.4.1　植物群落的形成和发育

运动和变化是植物群落最基本的特征之一，任一植物群落都随时间不停地发生变化，有其形成、发育、衰败及最终被其他群落所代替的过程。

1. 植物群落的形成

植物群落的形成可以从裸地上开始，也可以从已有的另一个群落开始，一般要经历侵移、定居、竞争、反应 4 个阶段。

（1）侵移

植物从繁殖体开始传播到新定居的地方为止，这个过程称为侵移（迁移）。繁殖体的种类很多，它们可以是种子、孢子，也可以是能起到繁殖作用的植物体的任何器官和部分。植物繁殖体的传播能力，取决于繁殖体的大小、轻重和有无利于传播的特殊构造。依靠风力、水力和动物传播的植物，可以迁移到很远的地方；依靠重力或自力传播的植物一般迁移的距离比较近。

（2）定居

繁殖体迁移到新的地点后，即进入定居过程。定居包括发芽、生长和繁殖 3 个环节，3 个环节缺一不可。定居能否成功，首先取决于种子的发芽力（率）与发芽的条件，即发芽力保存期的长短，发芽率的高低，繁殖体所处生境中的水、温、空气诸因子的适宜与否和稳定程度；其次取决于幼苗的生长状况，发芽时着生部位的水肥供给条件、温度的高低及变化、动物影响等。繁殖是定居的最后一个环节，定居地的生境只有满足该种各发育阶段的生态要求，该种才能正常繁殖并完成定居。具有无性繁殖能力的种，只有在满足营养生长的条件下，才能实现定居。

（3）竞争

在一定的地段内，随着已定居种的个体增长、繁殖或其他新种的侵入和定居，必然导致营养空间不足而产生竞争，竞争的结果是“适者生存，优胜劣汰”。

（4）反应

在植物定居和竞争的同时，植物不断与环境进行能量和物质的交换，使原来的生境条件逐渐发生变化，变化了的生境开始不适合原来定居种生存，它们将被新的定居种排挤、取代，这就是“反应”。

在自然情况下，上述过程常常交织在一起不易区分。一般来说，侵移和定居是顺序进行的，竞争和反应基本与定居过程同时进行，只不过在初期竞争不太激烈而已。

2. 植物群落的发育

一个植物群落从形成到衰老，再到被另一个群落代替，一般要经历 3 个发育阶段，即群落发育的初期、盛期和末期。

（1）群落发育的初期

建群种的良好发育是群落发育初期的一个主要标志。建群种在群落发展中的作用，引起其他植物种类的生长和个体数量上的变化，因此一个群落的发育初期，种类成分不稳定，每种植物个体数量的变化也较大。群落的结构尚未定型，主要表现在层次分化不明显，每一层中的植物种类也不稳定。群落所特有的生境正在形成中，特点不突出。

（2）群落发育的盛期

到了群落发育盛期，适于生境的种类得到良好的发展，群落种类组成稳定，个体生长旺盛，并且群落的结构已经定型，主要表现在层次有了良好的分化，每一层都有一定的植物种类，呈现出一种明显的结构特点。群落所特有的生态环境十分明显，如果群落的建群种是比较耐阴的种类，则在发育盛期还可以见到它们在群落中有良好的更新状况。

（3）群落发育的末期

在一个群落发育的整个过程中，群落不断对内部环境进行改造，最初这种改造作用对该群落的发育起着有利的影响，但当这一改造作用加强时，被改变了的环境条件往往对它本身产生不利的影响，表现在原来的建群种生长势逐渐减弱，缺乏更新能力，同时一批新的植物侵移和定居，并且旺盛生长。由于这些因素，到了这个时期，植物种类成分又出现一种混杂现象，原来群落的结构和生态环境特点也逐渐发生变化。

上述 3 个发育阶段并没有截然的界限，前一个群落的成熟，孕育着下一个阶段的开始，只有下一个群落进入发育盛期时，前一个群落的特点才完全消失。

0.4.2　植物群落的演替

随着时间的推移，群落的优势种发生明显改变，从而引起整个植物组成的变化，形成一个新的群落，这种在一定地段上一种植物群落被另一种植物群落替代的过程称为群落演替。

1. 群落演替的类型

植物群落演替类型的划分可以按照不同的原则进行，因此存在各种各样的演替名称。

演替按演替发生的起始条件分为原生演替和次生演替；按演替初始生境水分条件分为旱生演替、水生演替和中生演替；按控制演替的主导因素分为内因性演替和外因性演替；按演替的方向分为进展演替、逆行演替。下面介绍原生演替和次生演替。

（1）原生演替

原生演替是指开始于原生裸地上的植物群落演替。原生裸地是指以前从来没有植物生长的地段或原来存在过植被，但被彻底消灭，甚至植被影响下的土壤条件也不复存在，如裸露岩石的表面、沙丘、湖底、河底等。

（2）次生演替

次生演替是指开始于次生裸地上的植物群落演替。次生裸地是指原来生长的植物已被消灭，但土壤中仍保留原来群落中的植物繁殖体的地段，采伐森林、开垦草原、火灾和毁灭性的病虫害都能造成次生裸地。此外，原生植物群落受到外因破坏后，但并未达到裸地阶段所发生的演替亦称为次生演替，如园林植物群落的演替。

2. 演替过程

由裸地演变成稳定的植物群落，要经过若干演替阶段，这些阶段按发生的先后顺序排列起来构成演替序列，下面以从岩石表面开始的旱生演替序列（图 0-4-1）介绍原生演替的一般过程。从裸露岩石开始到形成稳定的森林群落一般要依次出现以下几个阶段。

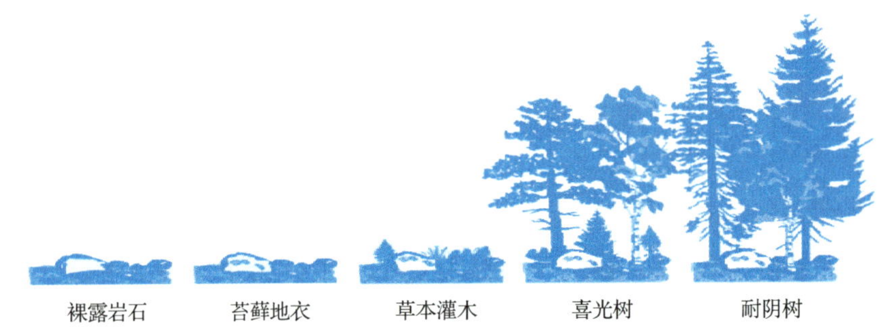

图 0-4-1　旱生演替序列

（1）地衣植物阶段

在岩石表面首先出现地衣，它们能利用短时期的少量水分进行生长，并能在较长的干旱时期休眠。地衣分泌的有机酸能腐蚀岩面，为土壤的形成提供条件，其残体也参加到土壤的形成和积聚中，岩面生境开始改变，为其他植物种类提供了立足之地。

（2）苔藓植物阶段

地衣群落的后期，地衣将环境改造到一定适宜的程度，便出现苔藓。苔藓长得比地衣高大并具有丛生性，占据主要空间使地衣得不到充足的阳光而死亡。苔藓能积聚更多的矿物质和有机质，使土壤和水分条件进一步改善。

（3）草本植物阶段

当岩石表面有了一定厚度的土壤并具有保持水分能力时，草本植物开始进入并逐渐占据主要地位。首先是一些蕨类及一些一、二年生的植物以个别植株侵入，数量逐渐增加，最终将苔藓取代，随着土壤的发育和小气候的形成，多年生草本出现，使土壤增厚，为木本植物的出现提供了可能。

（4）木本植物阶段

木本植物阶段，喜光的阳性灌木首先出现，与高草混生形成“高草灌木群落”，以后灌木大量增加，形成优势灌木群落，然后阳性乔木树种生长，逐渐形成森林，林下形成阴蔽环境使耐阴树种定居，随着耐阴树种的增加，阳性树种在林内不能更新而逐渐从群落中消失，林下生长耐阴的灌木和草本植物。

在旱生演替过程中，地衣和苔藓植物阶段是积累土壤的过程，持续的时间最长；草本植物是过渡阶段，演替的速度最快；木本植物阶段由于植物生活周期较长，演替速度相对减慢。

由旱生演替过程可以看出，演替的实质是组成群落的生物和环境的更替。每个新的生物群落的结构和成分都比前一个群落更复杂、更高级，改造环境的能力也更强，每个群落改变的环境都不利于本群落的生存和发展，但为下一个群落的形成创造了条件。

一般认为，演替是一个漫长的过程，但演替也不是永无尽头的，当演替达到演替系列中的最后阶段，群落与环境达到一种平衡状态时，群落的结构最复杂、最稳定，只要不受干扰，这种状态将永远保持下去，此时的群落称为顶极群落。

0.5　城市园林植物群落

0.5.1　城市园林植物群落的类型

城市园林植物群落实际上是自然植物群落与人工植物群落的相结合或完全是人工植物群落。园林植物群落的类型有类似森林的公园、植物园、各种防护林；类似草本植被的各种绿化带、草坪等；类似沼泽和水生植被的湿地等。

各种园林植物群落存在的地段，即所有的园林植物种植地块和园林种植占大部分的用地，称为园林绿地。作为城市中具有自净功能的组成部分——城市绿地系统，在改善环境质量、维护城市生态平衡、美化城市景观等方面起着十分重要的作用。

0.5.2　城市园林植物群落的空间结构

1. 垂直结构

园林植物群落的垂直结构主要表现为以下几种配植状况。

（1）单层结构

单层结构（图 0-5-1）仅由一个层次构成，或草本，或木本，如草坪、行道树等。

图 0-5-1　单层结构

（2）双层结构

1）灌草结构（图 0-5-2）。灌草结构由草本和灌木两个层次构成，如道路中间的绿化带配植。

2）乔草结构（图 0-5-3）。乔草结构由乔木和草本两个层次构成，如简单的绿地配植。

3）乔灌结构（图 0-5-4）。乔灌结构由乔木和灌木两个层次构成，如小型休闲森林等的配植。

图 0-5-2　灌草结构

图 0-5-3　乔草结构

图 0-5-4　乔灌结构

（3）多层结构

1）乔灌草结构（图 0-5-5）。乔灌草结构由乔木、灌木、草本 3 个层次构成，如公园、植物园、树木园中的某些配植。

2）除乔灌草结构外，多层结构还包括各种附生、寄生、藤本等植物配植，如复杂的森林或一些特殊营造的植物群落（图 0-5-6）等。

图 0-5-5　乔灌草结构

图 0-5-6　特殊营造的植物群落

2. 水平结构

园林植物群落的水平结构主要表现为以下 3 种类型。

（1）自然式结构

自然式结构是指园林植物在平面上的分布没有表现出明显的规律性，各种植物的种类、类型，以及其各自的数量分布，都没有固定的形式，常表现为随机分布、集群分布、均匀分布和镶嵌式分布 4 种类型。虽然自然式结构表面上参差不齐，没有一定规律，但其形成过程本质上是植物与自然完美的统一。

（2）规则式结构

规则式结构是指园林植物在水平分布上具有明显的外部形状，或有规律性的排列结构，如圆形、方形、菱形、折线等规则的几何形状，对称式、均匀式等规律性排列，具某种特殊意义（如地图类型）的外部轮廓等。

（3）混合式结构

混合式结构是指园林植物在水平上的分布既有自然式结构又有规则式结构的内容，将二者有机地结合的结构。

0.5.3　城市园林植物群落的特点

城市园林植物群落由于所处的自然环境相对恶劣，人为因素的干扰较大，与自然植物群落有很大差异。

1. 生境特化

人类生产生活、建筑、交通等活动极大地改变了城市内及近郊的环境，从而改变了植物的生境。例如，铺装了的地表，改变了其下的土壤结构和理化性质及微生物组成；而“热岛效应”、空气污染改变了光、温度、水和风等气候条件，使园林植物群落处于完全不同于自然群落的特化环境中。

2. 外貌与季相明显

城市园林植物群落中不同个体高度不一致，而且高低错落，以强调景观的起伏和变化；植物群落的季相变化明显，尤其春季和秋季，彩叶树种应用普遍，以追求其观赏效果。

3. 垂直结构分化且单一化

城市园林植物群落结构分化明显，并日趋单一化。往往是单纯的草本、灌木或乔木相互孤立的种植，或乔木+草本、灌木+草本、乔木+灌木的简单配植，缺少复层混交。

4. 植物种类简化

城市园林植物群落的种类组成显著少于自然植物群落，特别是灌木、草本和藤本植物。据了解，我国有高等植物 3 万余种，其中 4000 多种植物可用作园林绿化植物。目前我国常用的园林植物只有 400 余种，大多数城市常用的绿化植物只有 100 种左右，而北方地区常用的仅有几十种，并且人工引进种明显增多，外来种占原植物区系成分的比例越来越大。

5. 格局园林化

城市园林植物群落在人类的规划和管理下，大多形成园林化格局。乔木、灌木、草本、藤本等各类植物的配植，以及森林、树丛、绿篱、草坪和花坛等的布局，都是在人类精心镶嵌、栽植和管理下形成的园林化格局。

6. 演替受人为干预

城市园林植物群落的发展动态，无论是形成、更新还是演替都是在人为干预下进行的。

0.5.4 城市园林植物群落的主要组成单元

1. 公园和公共绿地

公园和公共绿地是指向公众开放，以游憩为主要功能，兼具生态、美化和防灾作用的绿地，主要包括各种类型的公园、动物园、植物园、纪念性园林等，以及沿道路、沿江、沿湖、沿城墙的绿地和城市内部的小游园等。公园及公共绿地是城市的重要组成部分，其配植的好坏，不但直接影响城市的景观面貌，而且对整个城市的生态平衡产生影响。

公园和公共绿地的绿化材料应以乡土乔木、灌木为主，乔木、灌木、草本相结合，尽量增加物种多样性，营造具有地方特色和较高稳定性的植物群落，在此基础上协调季节变化所带来的景观差异，尽可能保持四季景观的可视性和观赏效果，并要满足人们休闲、娱乐等的需要。

2. 庭院树木

庭院树木对建筑周围环境起着十分重要的作用，它们可以过滤空气中的尘埃、减少噪

声；可减弱太阳对庭院的直接辐射；通过蒸腾作用降温增湿；还可以“软化”建筑物的刚性线条所产生的不良视觉效应。庭院环境的优劣直接影响人们的生活质量，庭院树木一方面要满足人们对生活空间的生态效应的需求，另一方面要满足人们休闲娱乐等方面的社会需求。

确保人类健康是庭院植物配植的首要原则，要选择同化二氧化碳能力强、释放氧气多、吸污滞尘力强，无飞絮、无毒、无刺激性气味，少花粉、少病虫害及抗污染能力强的树种。花大而美丽、花期长、能释放芳香气味的树种是庭院绿化的优良树种。

3. 垂直绿化

视频：垂直绿化与攀缘植物

垂直绿化又叫立体绿化，可以充分利用空间，在墙壁、阳台、窗台、屋顶、棚架等处栽种攀缘植物，以增加绿化覆盖率。垂直绿化可减少噪声及大气污染物对住户的危害，提高室内的清洁度，起到降温增湿、美化室内环境的作用。特别是对一些大型的高度适中的建筑，如立交桥、体育馆，采用垂直绿化，既可弥补绿地不足，产生生态效益，又可达到良好的视觉效果，减少建筑物表面的反光，避免光线刺眼。

因为垂直绿化的立地条件比较差，所以选用的植物材料一般要求具有浅根性、耐贫瘠、耐干旱、对阳光有高度适应性等特点，如地锦、牵牛花、常春藤、葡萄、茑萝、雷公藤、紫藤等。

4. 行道树

微课：园林行道树的应用

行道树是指按一定方式配植在城乡道路两旁的乔木或灌木。随着城市化进程的推进，行道树的类型增多、功能拓宽，逐渐发展为特殊的景观，与整个大环境绿化融为一体，在改善园林环境、发挥生态效益方面表现得越来越突出。除此之外，行道树的存在对于保障交通安全、道路畅通方面还具有积极的促进作用。

行道树选择标准应根据道路的建设标准和周边环境的具体情况，确定适当的树种、品种，选择合宜的树体、树形。从养护管理要求出发，应该选择耐热、耐干旱、根系发达、叶片革质、具光泽或有茸毛的行道树；从景观效果要求出发，应该选择干挺枝秀、景观持久的树木。

0.5.5 园林植物群落对生态环境的改善和调节作用

在群落中，植物进行光合作用、呼吸作用、蒸腾作用等生理活动，与外界环境进行着大量的水、热、能量及气体交换，加上植物的覆盖和阻挡等作用，使群落形成特有的内部环境，并对其周围环境产生影响。

1. 对光照的影响

照射在植物群落上的太阳辐射可分为 3 个部分：一部分被植物群落反射，一部分被植物群落吸收，剩余部分则穿透植物群落到达地表。与空旷地相比，群落内的光照具有强度减弱、光质改变、光照分布不均及日照时间缩短的特点。

不同植物群落的光照度减少幅度取决于群落的具体状况。在针阔叶混交林中，致密的上层树冠反射 10%，吸收 79%，射入群落内的光约占总入射量的 11%；而松散的松林射入群落内的光约占总入射量的 30%。群落内植物对太阳辐射的吸收并不是等同的，对于可见光来说，被植物吸收最多的是红光和蓝光，最少的是绿光，因此在群落中绿光最多。

群落内的光照主要由直射光和散射光组成，散射光一般在群落内分布均匀，而透过林冠空隙的直射光在林地上形成大小不等的光斑，这些光斑分布是不固定、不均匀的。随着地球自转不断移动，光斑的移动有利于群落广泛地受到直射光的照射，但照射的时间较短。

2. 对温度的影响

植物群落能影响气温的季节性和昼夜周期性的变化。夏季和白天，植物吸收、反射太阳辐射，使到达地面的太阳辐射减少，植物蒸腾消耗大量热量，以及群落内湿度大等因素，导致群落内增温较慢，温度相对裸地要低一些，因此园林植物群落可以降低城市温度，减弱“热岛效应”。冬季或夜晚，植物的覆盖阻挡了群落内空气的对流和热量的散失，使群落内的温度高于裸地，因此群落内温度的年较差和日较差都比裸地小。

3. 对水分的影响

植物群落对水分的影响主要体现在增加水量和改善水质两个方面：首先植物群落对降水有截留作用，被截留的大量的水分直接蒸散到大气中，加上植物群落的蒸腾作用也释放出大量水汽，使群落内部及其附近环境的空气湿度大大增加。北京市相关部门通过对不同园林绿地内的相对湿度调查得出表 0-5-1。

表 0-5-1　北京市不同园林绿地内相对湿度与非绿地相对湿度的比较　（单位：%）

观测地点	绿地类型	绿地内相对湿度	绿地外相对湿度	增加值
东单公园	小型绿地公园	68	46	22
北京大学医学部	绿化的庭院	70	61	9
首都医科大学附属北京友谊医院	绿化的庭院	70	62	8
京门路	两行乔木的道路	67	43	24

在植物群落内，特别是森林内，地表上有厚厚的地被物，可以吸收大量的水分，而且发育良好的植物群落内的土壤疏松多孔，大大提高了土壤的透水性能和蓄水性能。园林植物群落可以增强对自然降水的保持作用，不致使太多的自然降水直接通过排水系统排走，这样可以增加城市中的水资源总量。

植物对水质的改善作用，首先表现在植物的富集作用可以吸收水体中的污染物并积累在体内；其次表现在植物具有代谢解毒能力，有些污染物进入植物体后，可以被植物体分解或转化为毒性小或无毒的物质，从而使其毒性大大降低。

4. 对风的影响

植物群落影响近地表的空气流动，可在一定程度上减弱风力，降低风速，特别是森林

可成为风的强大障碍，能把风分散成不同方向的小股气流，因此经常遭受到台风袭击的沿海城市和风沙严重的内陆城市可通过营造防风林来减少风带来的危害。

一般来讲，植物群落的面积越大，群落层次越多，结构越复杂，改善环境的作用越明显，对周围小气候的影响越大。据研究，园林植物群落对改良气候能产生可感效果为 0.5～1.0 公顷，因此城市应该多营造一些相对复杂的园林植物群落，并使其广泛、均匀分布，这样对营造舒适的城市环境有很大的作用。

0.6　我国的植被分布规律

覆盖一个地区的植物群落的总称叫作植被。植被在陆地上的分布，主要取决于气候条件，特别是其中的热量和水分条件及二者的配合状况。

0.6.1　植被分布的水平地带性

地球表面的水热条件沿经度和纬度方向发生递变，从而引起植被类型也沿纬度或经度在水平方向呈有规律的更替，这一现象称为植被的水平地带性。植被分布的水平地带性是植被分布的基本规律之一。

1. 植被分布的纬度地带性

以热量为主导因子引起植被分布沿纬度方向有规律地更替现象，称为植被分布的纬度地带性。太阳辐射是地球表面热量的主要来源，随着地球纬度的高低不同，地球表面从赤道向两极形成各种热量带，植被也随着这种规律依次更替。

我国东北至西南走向的山脉对太平洋东南季风深入内陆起着明显的屏障作用，因此形成东南湿润气候区和西北干燥气候区，其界线大致是大兴安岭—吕梁山—六盘山—青藏高原东缘一线，与年降水量 400 毫米的等雨线相近。在其东南面年降水量超过 400 毫米，适合各种类型森林植物生长，我国 98%的森林分布于这一区域，并呈明显的纬度地带性。在东部森林区，自北向南依次分布着寒温带针叶林—温带针阔叶混交林—暖温带落叶阔叶林—亚热带常绿阔叶林—热带季雨林、热带雨林。这一线西部，年降水量低于 400 毫米，为旱生草原和荒漠区，仅在局部山地因海拔高降水增多而出现森林，如贺兰山、祁连山、天山、阿尔泰山等山地。

2. 植被分布的经度地带性

以水分条件为主导因素，引起植被分布由沿海向内陆发生有规律的更替的现象，称为植被的经度地带性。一般规律是从沿海到内陆，降水量逐渐减少，因此在同一热量带各地因水分条件不同，植被分布也发生明显的变化。我国植被分布的经度地带性在温带地区明显，从东南至西北受海洋性季风和湿润气流的影响程度逐渐减弱，依次有湿润、半湿润、半干旱、干旱和极端干旱的气候，相应出现东部湿润森林区、中部半干旱草原区、西部干旱荒漠区。

值得注意的是，经度地带性和纬度地带性并无从属关系，它们处于相互联系的统一体中，某一地区植被分布的水平地带性规律，取决于当地热量和水分的综合作用，而不取决于其中一种因子。

0.6.2 植被分布的垂直地带性

高大山体随着海拔的升高，植被类型呈现有规律的带状分布称为植被分布的垂直地带性。一般高大的山体，从山麓到山顶，气温逐渐下降，而风力、光照等气候因子逐渐增强，土壤条件也发生变化，在这些因子的综合作用下，植被随海拔升高呈带状分布，其植被带大致与山体的等高线平行，并有一定的垂直厚度。

山地植被垂直带依次出现的具体顺序构成该山体植被的垂直带谱。不同山体具有不同的植被带谱，一方面山地垂直带受所在水平带的制约，另一方面受山体的高度、山脉走向、坡度、基质、局部气候等因素影响，如台湾玉山的垂直带谱（图 0-6-1）和长白山的垂直带谱（图 0-6-2）。

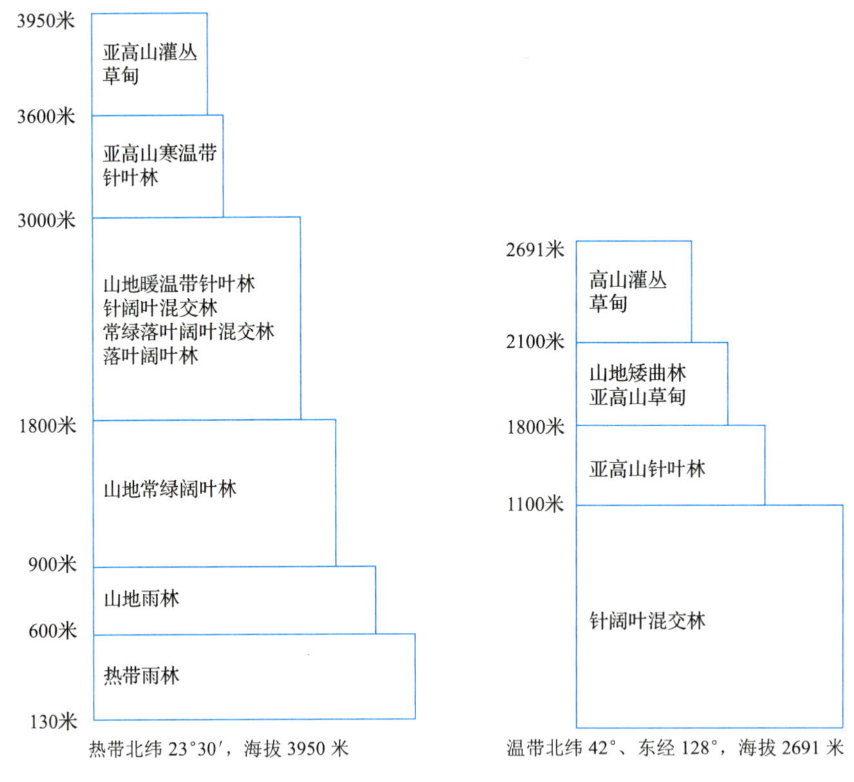

图 0-6-1 台湾玉山的垂直带谱　　图 0-6-2 长白山的垂直带谱

0.6.3 垂直地带性与水平地带性的关系

植被的垂直地带性以水平地带性为基础，二者的关系见图 0-6-3。

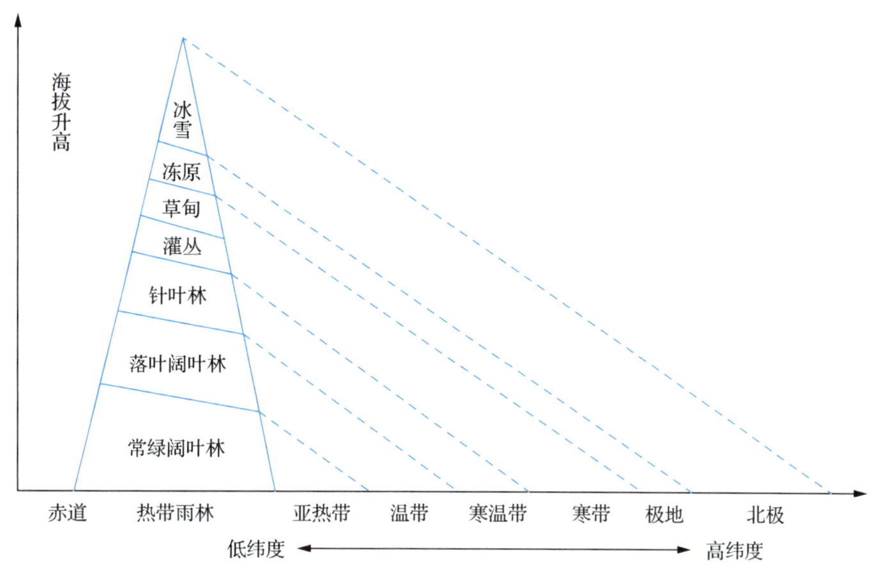

图 0-6-3 植被垂直带与水平带相关性示意图

（资料来源：董世林，1994．植物资源学[M]．哈尔滨：东北林业大学出版社.）

1. 顺序相似

植被类型在山地垂直方向上的成带分布与水平分布的顺序相似。一个足够高的山体，从山麓到山顶更替着的植被带系列，大体与该山体所在的水平地带至极地的植被地带系列类似。

两者间仅是群落外貌和结构上的相似，而不是相同。例如，亚热带山地垂直分布的寒温性针叶林与北方寒温带针叶林，在植物区系性质、区系组成、历史发生等方面有很大差异。

2. 植被垂直带谱从低纬度向高纬度趋于简单化

处于热带的台湾玉山的垂直带谱有 6～7 带，而地处温带的长白山的垂直带谱只有 4～5 带，并且垂直带中每个植被带的海拔随纬度升高而逐渐降低。例如，亚高山针叶林带，在台湾玉山分布于 3000～3600 米，而在长白山则分布于 1100～1800 米。

3. 同纬度同海拔植被相一致

植被垂直带谱的基带与该山体所在地区水平地带性植被相一致。例如，台湾玉山垂直带谱的基带为热带雨林，长白山垂直带谱的基带为针阔叶混交林，都与山体所在地区的水平地带性植被相同，此规律在同一纬度的不同经度上也能表现出来。例如，长白山（东经 128°）和天山（东经 86°）同处北纬 42°左右，但由于经度不同，二者的垂直带谱不同，天山位于内陆，属荒漠范围，垂直带谱的基带为荒漠，与其所在水平地带性植被一致，并且只有在海拔 1700～2700 米才有森林出现。

水分对植被垂直分布的影响，也体现在同一山体上。在同一高大山体上，不同坡向的水分条件不同，也会出现不同类型的垂直带谱。例如，滇西高黎贡山的东坡较西坡干旱，因此出现了西坡没有的耐旱性的云南松林和落叶林带。

与水平带相比，植被垂直带连续性差且带幅窄。形成纬度带的环境因子是逐渐而缓慢变化的，相邻植被带间形成明显的过渡带，整个带谱是连续的，带幅宽度一般以几百公里计；而在山地，随着海拔的升高，环境因子变化较快，因此垂直带各带间的距离较短，一般以几百米计，并且常常受山区小地形、小气候的影响（如河谷、岩石裸露），造成垂直带谱间断。

0.7 生态学原理在园林中的应用

在园林绿化工作中，要将生态学原理贯穿设计、施工、养护管理等环节。要坚持以“生态平衡”为主导，合理布局园林绿地系统；遵从生态位法则，合理配植植物种类；利用“互感共生”机理，协调植物种间关系，保护物种多样性，模拟自然群落结构。

0.7.1 指导确定园林植物群落建植类型

在园林绿地规划设计时，应模拟地带性植被设计人工植物群落，如果没有其他的限制条件，则应适当优先发展森林群落。因为森林群落能较好地协调各种植物之间的关系，最大限度地利用各种自然资源，是结构合理、功能健全、稳定性强的复层群落结构；同时，建设和维护森林群落的费用较低。如果特定的环境不适合设计森林群落，则应适当发展结构相对复杂、功能相对较强的植物群落类型，并在此基础上进一步发挥园林的地方特色和体现高度的艺术欣赏性。

地带性植物群落在自然状态下，如果没有人为干扰，最后将达到“顶极群落”，即与当地气候土壤相适应的群落。应充分运用生态演替理论，尽量模拟群落与地带性植被演替阶段相近似，使群落的自然演替与人工控制相结合，在相对小的范围内形成多种多样的植物景观，既丰富群落类型，满足人们对不同景观的观赏需求，又为各种园林动物、微生物提供栖息地，增加生物种类。

在园林植物群落设计时，要遵循生态位法则和生物多样性原则，建立高质量的人工植物群落。要首先考虑乔木、灌木、草本相结合的群落结构，高大喜光的乔木配植在最上层，其次是稍耐阴的灌木，耐阴的草本植物配植在最下层，同时可利用攀缘植物做层间植物。

0.7.2 指导园林植物种类选择与配植

植物在长期的系统发育中形成各自适应一定环境范围的特性，这种特性是很难改变的，园林植物种类的选择应根据当地的具体情况，因地制宜地选择各种适生的植物种类，既要注意观赏特性对应互补，又要使物种生态习性相适应。一般要以主要植被类型为基础，以当地的乡土植物种类为核心，在此基础上适当增加各种引种驯化的类型，特别是已在本地经过长期种植并取得较好效果的植物种类。乡土植物可靠、廉价、安全，它能够适应本地区的自然环境条件，抵抗病虫害、抗环境污染干扰的能力强，能尽快形成相对稳定的群落结构和发挥多种生态功能，有利于降低养护成本。

城市环境非常复杂，如东西走向的街道的路南和路北，高大建筑的楼前楼后，小气候

会有很大差异；公园、街道、广场等不同地段的土壤状况也大不相同。因此，在具体设计和栽植时还要根据局部气候和土壤状况来选择合适植物，做到适地适树，并且要对原有环境中的物种加以保护，不要按统一格式更换物种。

园林植物要保持合理种植密度，一般园林树木栽植行距较大，这样可以减少竞争，还可以在乔木下配植灌木、草本。同种之间竞争最为激烈，因此在园林植物配植时，提倡多树种混交。在多树种混交时，要选择生态习性有较大差异的树种进行混交。例如，将阳性树种与耐阴树种、浅根性树种和深根性树种进行混交，避免树种间的激烈竞争。

在植物配植时要注意植物间的化感作用。榆树与栎树、白桦与松树、核桃与苹果、松树与云杉之间是相互抑制的，不宜栽植在一起；而黑接骨木对云杉根系的分布有利，皂荚、白蜡树与九里香，玫瑰与百合，皂荚与白蜡树，槭树、苹果树与梨树，葡萄与紫罗兰等，在一起生长时，互相都有显著的促进作用。

另外，在植物配植时要考虑植物和病虫之间的相互关系。桧柏类树木是城市中优良的常绿树种，在园林绿化上使用广泛，却是苹果锈病和梨锈病的转主寄主；刺槐是苹果炭疽病菌体的越冬场所，因此应避免这些植物近距离栽植。

在植物配植时要考虑植物群落的季相和色相，使之具有观赏性。

生物多样性是群落稳定性的基础，因此在园林植物群落建植时应尽量增加植物的种类。我国的植物资源丰富，通过选种可大大增加园林植物种类，而且可获得具有不同优良性状的植物个体，经直接栽培、嫁接、组培或基因重组等手段培育优良新品种，使之既具有较高的生产能力和观赏价值，又具有良好的适应性和抗逆性。同时，从国外引进各种优良植物资源，也是营建稳定健康的园林植物群落的物质基础。对于新物种的引进，包括通过转基因等技术获得的新物种，要慎重使用，以防止外来物种的入侵对园林生态系统造成的冲击而导致生态平衡失调。生物入侵是指人类有意识或无意识地把某种生物带入适宜其栖息和繁衍的地区，种群不断扩大，分布区逐步稳定地扩展并对当地生态系统造成一定危害的现象。原产于北美洲的加拿大一枝黄花，曾作为观赏植物引入我国，结果导致上海地区 30 多种当地植物消亡，目前该植物在各地均已被禁止种植。因此，园林植物引种要慎重，特别是对那些有很强的生态适应性和繁殖能力的植物，以免造成生物入侵。

0.7.3　维护园林生态系统平衡的途径

1. 加强日常管理

园林生态系统环境条件恶劣，生物种类少，结构简单，因此自我调控能力差。同时园林生态系统频繁受到人为干扰，如苗圃、花圃的苗木和土壤的输出，草坪和花木的修剪，枯枝落叶的清扫，降水的流失，还有许多人为恶意的破坏等，都会造成园林生态系统平衡失调。人们对生态系统的各种负面影响必须通过适当的日常管理（如松土、施肥、灌溉等）来加以弥补。对园林生态系统的适当管理是维持园林生态平衡的基础。当园林生物群落相对复杂、结构稳定时，可适当减少管理投入，通过其自身的调控机制来维持。

2. 接种菌根菌

菌根在自然界中起着至关重要的作用，如果没有菌根，许多高等植物就不能生存或生长不良。在城市环境和园林苗圃中菌根菌较少，在园林栽培中可通过接种菌根菌提高绿化质量，如在育苗、草坪建植和大树移植时都可通过接种菌根菌提高成活率。

3. 保护和招引有益动物

动物是园林生态系统中的重要组成成分，对于维护园林生态平衡，改善城市生态环境，有着重要的意义。城市绿地数量少、结构简单，加上人类活动的影响，动物的种类和数量较少，使园林生态系统的食物网趋于简单化，这不但影响园林植物的传粉，而且容易造成病虫害爆发。因此要积极保护园林中的动物，为动物的栖息创造优良环境。可在园林中挂置人工鸟巢，设置人工投食喂鸟点，招引益鸟，发挥“以鸟防虫，物竞天择”的自然调控功能。

4. 无公害防治园林病虫害

园林病虫害的化学防治是病虫害大量发生时的一种有效措施，但化学防治在杀死害虫的同时也大量杀伤了害虫天敌，还污染环境，危害人体的健康，严重破坏了生态系统平衡。因此，园林生产中应大力提倡无公害防治园林病虫害。

无公害防治病虫害包括人工、物理机械防治和生物防治等多种措施。人工、物理机械方法防治病虫害，是利用害虫的特殊趋性和习性，应用简单工具及光、电等物理技术来防治害虫。例如，对红蜘蛛、木虱、粉虱、网蝽等害虫、害螨可实施潜所诱杀；对许多蛾类、叶蝉、蝼蛄、蝗虫、金龟子等具有趋光性的害虫可用黑光灯诱杀。此外，还可利用色诱、味诱等诱杀及人工方法防治害虫。

生物防治是利用有益生物或其他生物来抑制或消灭有害生物的一种防治方法。可利用害虫的天敌，开展以虫治虫、以菌治虫、以鸟治虫。例如，利用赤眼蜂防治松毛虫，使用白僵菌消灭某些鳞翅目害虫，用苏云金芽孢杆菌可让松毛虫、杨小舟蛾等 100 多种昆虫致病等。目前，园林生产中还常利用一些生物激素或其他代谢产物，使某些有害昆虫失去繁殖能力；利用昆虫生长调节剂，破坏昆虫生长发育的生理过程而使昆虫死亡，达到控制害虫的目的。

另外，通过选育具有抗性的园林植物，合理配植树种，科学养护管护，营造不利于病虫害发生的生态环境也是控制园林病虫害的有效途径。

技能实训　园林植物群落结构特征调查

一、实训目的

掌握园林植物群落的结构特征调查方法；加深对各园林植物群结构和种间相互关系的认识，并能在园林植物配植时合理应用。

二、实训场所

郊区天然植物群落、市区公园绿地、道路两旁绿化带等。

三、实训器材

记录板、记录表、海拔仪、皮尺、测高器、围尺、罗盘仪、测杆、测绳、计算器等。

四、实训内容和方法

1. 踏查

按照一定线路行进，初步观察确定被调查城市植物群落分布的大体状况，选出能代表当地一般情况的调查地段或调查片区。对该调查地段或调查片区的情况进行描述和记载，主要项目有调查地段或调查片区所处该城市中心标志性建筑物的方位（包括经度和纬度）、海拔、地形地貌及土壤状况等。记载的目的是供材料分析时参考。

在踏查的基础上选择样地，若群落内部分布和结构都比较均一，则采用少数样地；若群落结构复杂且变化较大、植物分布不规则，则应提高取样数目。取样方法包括有样地取样（有规定面积的取样，如样方法，也称最小面积调查法、样线法）、无样地取样（不规定面积的取样，如点四分法）。调查时要填写相应的调查表（表 0-实-1～表 0-实-5）。

表 0-实-1　样地概况调查记载表

调查日期：　　　　　　　　　　　　调查人：

样地编号	样地面积和形状	群落名称	地形	海拔/米
坡向	坡度	坡位	小气候特征	土壤状况

表 0-实-2　乔木层调查记载表

序号	树种	株数	树高/米	胸径/厘米	盖度/%	密度/（株/公顷）	频度/%	郁闭度
1								
2								
…								

注：起测胸径为 4 厘米，将 4 厘米以下的作为幼树。

表 0-实-3　下木层调查记载表

总覆盖度＿＿＿＿＿；各层高度：Ⅰ层＿＿＿＿＿米，Ⅱ层＿＿＿＿＿米；分布状况＿＿＿＿＿

树种名称	层次	多度	盖度/%	平均高度/米	优势年龄	分布状况	生活力	物候相	备注

注：①多度分为极多、很多、多、较多、尚多、稀少、单株；②盖度用某种植物覆盖林地面积的百分率来表示，可分为 75%以上、50%～75%、25%～50%、5%～25%、5%。

表 0-实-4　草本层调查记载表

总覆盖度__________；平均高度__________；分布状况__________

植物名称	多度	盖度/%	平均高度/米	分布状况	生活力	物候相	备注

表 0-实-5　层间植物调查记载表

植物名称	多度	生长方式	被着生树种及部位	备注

2. 样方调查法

在一块样地单位上选定样点，将罗盘仪放在样点的中心，水平向正北 0°、东北 45°、正东 90° 引方向线，量取相应的长度，则四点可构成所需大小的样方。

样方的范围：选择具有代表性的小面积统计植物种类数目，并逐渐向外围扩大。

记录方法：以面积大小为 x 轴，以种数为 y 轴，填入每次扩大面积后所调查的数值，并连成平滑曲线。曲线上由陡变缓之处相对应的面积就是群落的最小面积。

植物群落调查所用的最适样方大小：乔木层惯用样方大小为（10×10）～（40×50）平方米，灌木层为（4×4）～（10×10）平方米，草本层为（1×1）～（3×3.3）平方米。

样方数目：乔木 2 个，灌木 3 个，草本 5 个。

记载内容：样方内的乔木应记载每株树的（胸径 4 厘米以上）树高（目测）、胸径、冠幅、第一活枝高和生长状况等。记载每种植物的名称（不能确定名称的采集标本）、株数、平均高度、生长状况和分布状况等。

3. 样线调查法

样线的设置：主观选定一块代表地段，并在该地段的一侧设一条线（基线），然后沿基线采用随机或系统取样选出待测点（起点），沿起点分别布线进行调查。

样线的长度和取样数目：草本层 6 条 10 米样线，灌木层 10 条 30 米样线，乔木层 10 条 50 米样线。

样线的记录：记录样线两侧 0.5 米范围内每种植物的个体数（N）。

4. 点四分法（中心点四分法、中点象限法）

在所要调查的林分中，用测绳或皮尺在群落中设置若干条平行线，在线上每隔 5 米或 10 米机械布点（或进行随机布点）。在每个点上用木杆作一垂线，划分为 4 个象限，在每个象限中找出距点最近的一棵树，记载树种名称，测定点树间距、树高（目测）、胸径和冠幅，共计测定 20 个点，记录数据。

5. 城区行道树调查

行道树布局和生长状况：主要调查记录树种名称、树间距、树高（目测）、胸径和冠幅。

行道树生存状况：主要调查记录是否有刀伤、刻痕、铁丝、绳索捆绑或是否受油腻生活污水及酸碱性污水侵袭。

6. 内业计算

对群落中相关参数进行计算。

多度：一个种在群落中的个体数目，常用目测估计法确定。

密度：单位面积上的植物株数，用公式表示为

$$d = N/S$$

式中，d——密度；

N——样地内某种植物的个体数目；

S——样地面积。

盖度：植物地上部分垂直投影面积占样地面积的百分比，即投影盖度，简称盖度。盖度反映植物在群落中占的空间大小，是群落结构的一个重要指标。

频度：某物种在调查范围内出现的频率，是表示物种分布均匀状况的指标，频度越大，种群个体的水平分布越均匀。频度大小常用包含该种个体出现的样方数占全部样方数的百分比表示。

$$F=n_i/T\times 100\%$$

式中，F——频度；

n_i——某物种出现的样方数；

T——样方总数。

树胸径：树木胸高直径，指大约距地面 1.3 米处的树干直径。乔木须测定此项指标，一般以 10 厘米分级为宜，如 0～10 厘米、11～20 厘米……可用围尺测量。

优势种和建群种：根据以上调查数据计算确定各层的优势种和群落的建群种。利用重要值可确定优势种。重要值是综合植物的密度、频度和盖度的综合指标，某个种的重要值越大，其在群落中越重要。

重要值=相对密度+相对频度+相对盖度

相对密度=某一种的株数/全部种的株数之和×100%

相对频度=某一种的频度/全部种的频度之和×100%

相对盖度=某一种的盖度/全部种的盖度之和×100%

在群落结构特征调查的同时，遇到寄生、共生、根连生、依存关系、附生关系、缠绕关系、绞杀作用、树干挤压、树冠摩擦、化感作用、竞争等现象时应进行仔细观察，并对所观察的现象进行描述、分析。

五、实训作业

1）整理表格，确定所调查群落各层的优势种，并分析优势种。

2）比较分析人工植物群落和天然植物群落结构的异同。

3）对所观察到的植物种间关系按观察顺序进行详细描述、说明、分析。

思考与练习

1. 名词解释

化感作用　植物群落　优势种　建群种　植物群落的季相　原生演替　植被分布的水平地带性　植被分布的垂直地带性　生物入侵　物种多样性　生物多样性　自然稀疏　生态位

2. 填空题

1）森林群落从上往下，依次可划分为________、________、________、________等层次。

2）植物群落的形成，一般要经历________、________、________、________4 个阶段。

3）一个植物群落从形成到衰老，被另一个群落所代替，一般要经历 3 个发育阶段，即群落发育的________、________和________。

4）植被在陆地上的分布，主要取决于________，特别是其中的________和________条件及二者的配合状况。

3. 选择题

1）下列植物属于全寄生植物的是（　　）。

A. 冬青　B. 菟丝子　C. 地衣　D. 菌根

2）有些农作物必须与其他作物轮作，不宜连作，否则影响长势，降低产量，这是为了避免（　　）现象发生。

A. 竞争　B. 根连生　C. 化感作用　D. 寄生

3）菌根属于（　　）现象。

A. 腐生　B. 根连生　C. 共生　D. 寄生

4）对群落的结构和群落环境的形成有明显控制作用的植物种称为（　　）。

A. 亚优势种　B. 伴生种　C. 偶见种　D. 优势种

5）描述某物种在样地内分布均匀状况的指标是（　　）。

A. 密度　B. 多度　C. 盖度　D. 频度

6）一般原生演替的速度比次生演替的速度（　　）。

A. 快　B. 相等　C. 慢　D. 依具体情况而定

7）东北地区东部山地的地带性森林是（　　）。

A. 以红松为主构成的针阔叶混交林

B. 云杉、冷杉林

C. 落叶松林

D. 阔叶混交林

4. 简答题

1）举例说明植物间的相互作用关系。

2）简述群落演替的类型。

3）植物群落对生态环境的改善和调节作用主要表现在哪些方面?

4）简述城市园林植物群落的特征及组成单元。

5. 论述题

1）试述陆地表面植被的分布规律。

2）试述城市园林植物群落的空间结构。

学习笔记

第一部分

植物学基础及植物在园林中的功能和应用

植物在园林建造中的功能

◎ 单元导读

植物在园林建造中扮演了重要角色。它们可以通过限制、改变和构造空间来影响景观设计。在垂直面上，树干和树冠形成了空间的限制和封闭感。在顶平面上，植物的枝叶和密度可以影响视线和空间的尺度。植物还能改变由建筑物构成的空间，并创造出不同类型的空间形式。植物的观赏特性也是设计中重要的考虑因素。植物的选择应该考虑它们的大小、色彩、形态和质地，以实现设计的美学特征。植物的美学作用包括统一和协调环境中的不和谐因素，突出景点和分区，减弱建筑物的粗糙外观所产生的视觉效果，以及限制视线。总的来说，植物在园林设计中具有广泛且重要的作用。

◎ 学习目标

知识目标

1. 了解不同类型的植物形态特征分类。
2. 理解不同类型的植物在园林设计中的应用和观赏特性。
3. 了解植物对空间分隔和空间序列的影响，以及植物在园林设计中的框景作用和建造功能。

能力目标

1. 能利用植物来建立空间、改变气温及保持土壤。
2. 能选择和运用植物材料来实现设计的美学特性和满足功能需求。
3. 能应用植物的大小、色彩、形态和质地进行园林景观设计。

素养目标

1. 树立人文意识、美学意识，培养发现美、欣赏美、感受美的能力。
2. 坚持和遵循生态文明理念，践行人与自然和谐共生的设计理念。
3. 感悟植物与环境蕴含的辩证唯物主义哲学思想。

植物在园林建设中是一种重要的材料，不仅提供色彩丰富、形态多样的园林景观素材，还启发和影响城市建筑及园林的硬质景观设计（图 1-0-1～图 1-0-4）。

图 1-0-1　悉尼歌剧院 · 灵感 · 睡莲

图 1-0-2　日本千代工程 · 灵感 · 竹荪（纤维肌理）

图 1-0-3　浦东东方艺术中心 · 灵感 · 蝴蝶兰

图 1-0-4　珠海 · 梧桐树大厦 · 灵感 · 三球悬铃木

1.1　植物的建造功能

筑山、理水、植物配植和建筑营造是造园的 4 项重要内容。园林植物是园林中作观赏、组织、分隔空间、装饰、庇阴、防护、覆盖地面等用途的木本或草本植物。植物的建造功能对室外环境的总体布局和室外空间的形成非常重要。在设计景观的过程中，首先要研究的因素之一便是植物的建造功能。只有在确定了植物的建造功能后，才会考虑其观赏特征。植物在景观中的建造功能是指它能充当构成因素，就像建筑物的地面、顶棚、围墙、门窗。从构成角度而言，植物是一种设计因素或一种室外环境的空间围合物。然而，“建造功能”一词并非将植物的功能仅局限于机械的、人工的环境中，在自然环境中，植物同样能成功地发挥其建造功能。

1.1.1　构成空间

空间感是指由地平面、垂直面及顶平面单独或共同组合成的具有实在的或暗示性的范

围围合。植物可以用于空间中的任何一个平面，如在地平面上，以不同高度和不同种类的地被植物或矮灌木来暗示空间的边界（图 1-1-1，图中的数字 1 表示剖面图的取向）。在此情形中，植物虽不是以垂直面上的实体来限制空间的，但它确实在较低的水平面上围起一定范围。一块草坪和一片地被植物之间的交界处，虽不具有实体的视线屏障（图 1-1-2），但暗示着空间范围的不同。

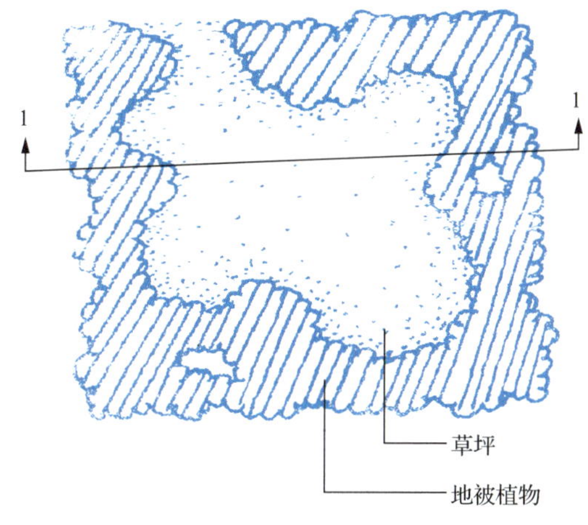

图 1-1-1　地被植物和草坪暗示空间的边界

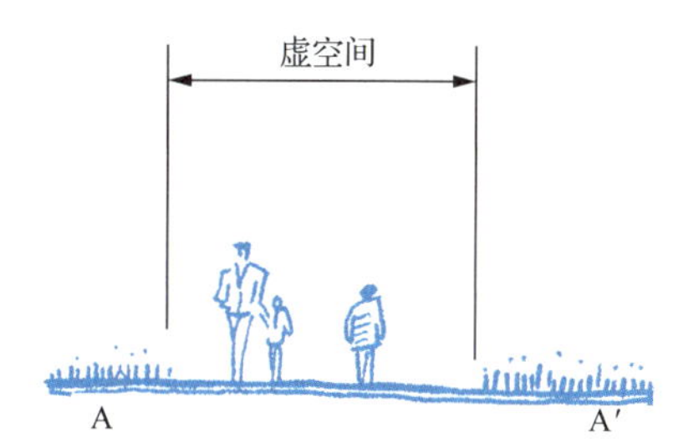

图 1-1-2　灌木界定的虚空间

在垂直面上，植物能通过几种方式影响空间感。首先，树干如同直立于外部空间中的支柱，它们多是以暗示的方式，而不是以实体限制着空间（图 1-1-3）。树干的空间封闭程度随树干的大小、疏密及种植形式不同而不同。树干越多，空间围合感越强，如种满行道树的道路，乡村中的植篱或小块林地。即使在冬天，无叶的枝丫也能暗示着空间的界限。

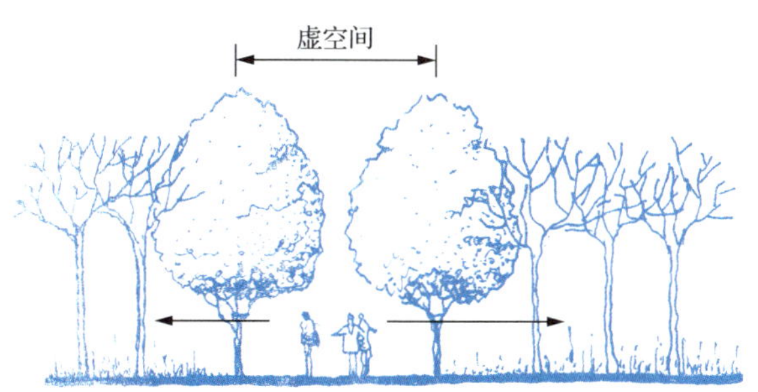

图 1-1-3　树干构成虚空间的边缘

植物的叶丛是影响空间围合的第二个因素。叶丛的疏密度和分枝的高度影响空间的闭合感。阔叶或针叶越浓密、体积越大，其围合感越强烈，能形成周年稳定的空间封闭效果。落叶植物的封闭程度，随季节的变化而不同，在夏季，浓密树叶的树丛，能形成一个个闭合的空间，给人以内向的隔离感；冬季则比夏季显得更大、更空旷，植物落叶后，靠枝条暗示着空间范围，人们的视线能延伸到所限制的空间范围以外的地方。

植物同样能限制、改变一个空间的顶平面。植物的枝叶犹如室外空间的顶限制了伸向天空的视线，并影响垂直面上的尺度，如季节、枝叶密度及树木本身的种植形式。当树木树冠相互交冠、遮蔽了阳光时，其顶面的封闭感最强烈（图 1-1-4、图 1-1-5）。在城市布局中，树木的间距应为 3～5m，如果树木的间距超过 9m，就会失去视觉效应。

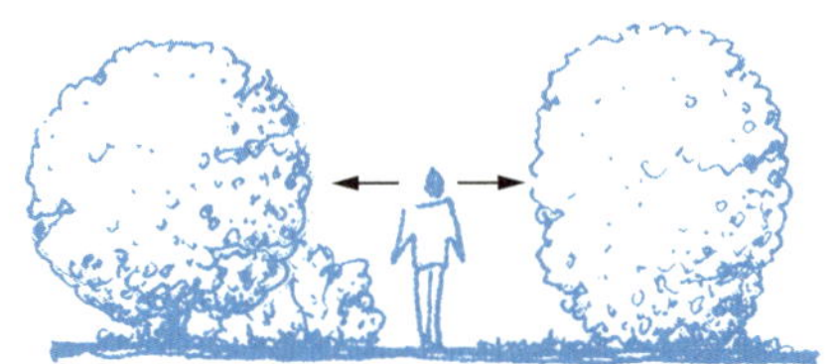
图 1-1-4　夏季落叶植物阻挡视线

图 1-1-5　冬季空间开敞引导视线向外延伸

在室外环境中，空间的 3 个构成面（地平面、垂直面、顶平面）以各种变化方式互相组合，形成各种空间形式。不论在何种情况下，空间的封闭度都随围合植物的高矮大小、株距、密度及观赏者与周围植物的相对位置而变化。具体空间类型如下。

1. 开敞空间

开敞空间是指仅用低矮灌木及地被植物作为空间的限制因素的空间。这种空间四周开散、外向、无隐秘性，并完全暴露于天空和阳光之下（图 1-1-6）。

2. 半开敞空间

半开敞空间与开敞空间相似，它的空间一面或多面部分受到较高植物的封闭，限制了视线的穿透（图 1-1-7）。这种空间与开敞空间有相似的特性，不过开敞程度较小，其方向指向封闭较差的开敞面。这种空间通常适用于一侧需要隐秘性，另一侧需要景观的居民住宅环境中。

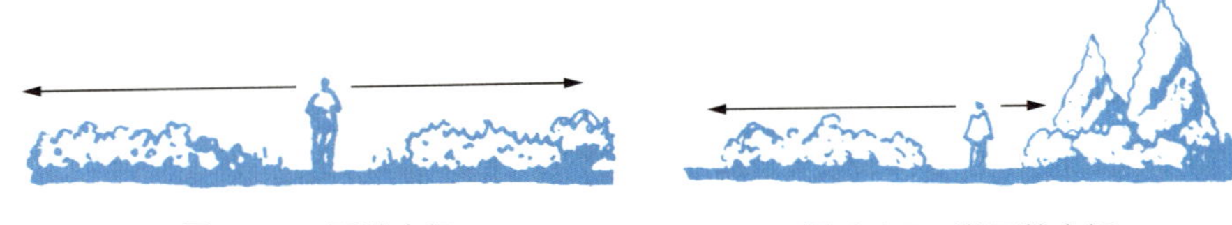
图 1-1-6　开敞空间　　图 1-1-7　半开敞空间

3. 顶平面空间

顶平面空间是指利用具有浓密树冠的遮阴树，构成顶部覆盖而四周开敞的空间(图1-1-8)。一般来说，该空间为夹在树冠和地面之间的宽阔空间，人们能穿行或站立于树干之中，利用覆盖空间的高度，能形成垂直尺度的强烈感觉。从建筑学角度看，游人站在此空间中犹如站在四周开敞的建筑物底层中或有开敞面的车库内。在风景区中，这种空间犹如一个去掉底层植被的城市公园。因为光线只能从树冠的枝叶空隙及侧面渗入，所以在夏季显得阴暗，而冬季落叶后显得明亮和开敞。这类空间较凉爽，视线通过四边出入。另一种类似此种空间的是由道路两旁的行道树交冠遮阴形成的隧道式（绿色走廊）空间。这种布置增强了道路直线前进的运动感，可以使游人的注意力集中在前方。

图 1-1-8 树冠的底部形成顶平面空间

4. 完全封闭空间

完全封闭空间与顶平面空间相似，但二者最大的差别在于，这类空间的四周均被中小型植物封闭。这种空间常见于森林中，它相当黑暗，无方向性，具有极强的隐秘性和隔离感（图 1-1-9）。

5. 垂直空间

运用高而细的植物能构成一个方向直立、朝天开敞的室外空间（图 1-1-10），设计要求垂直感的强弱，取决于四周开敞的程度。此空间就像哥特式教堂，令人翘首仰望将视线导向空中。这种空间尽可能用圆锥形或纺锤形植物，越高则空间感越强，树冠则越来越小。

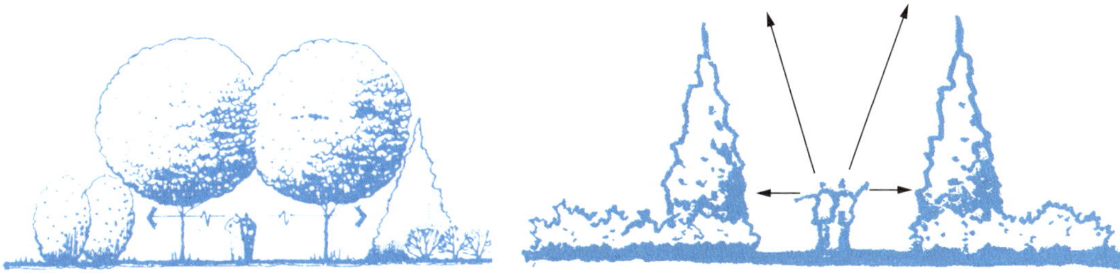

图 1-1-9 植物建造的完全封闭空间　　图 1-1-10 封闭垂直面、开敞顶平面的垂直空间

简而言之，风景园林师仅借助植物材料作为空间限制的因素就能建造出不同类型的空间。植物就像一扇扇门、一堵堵墙，引导游人进出和穿越一个个空间，植物在发挥这一作用的同时，一方面改变空间顶平面的遮盖，另一方面有选择性地引导和阻挡空间序列的视线。植物能有效地“缩小”空间和“扩大”空间，形成欲扬先抑的空间序列。风景园林设计师在不变动地形的情况下，利用植物来调节空间范围内的所有方面，从而创造出丰富多彩的空间序列。

植物通常要与其他要素相互配合共同构成空间轮廓。例如，植物可以与地形相结合，强调或消除因地平面上地形的变化而形成的空间。如果将植物植于凸地形或山脊上，就能明显地增加地形凸起部分的高度，随之增强相邻的凹地或谷地的空间封闭感；与之相反，植物若被植于凹地或谷地内的底部或周围斜坡上，它们将减弱或消除最初由地形所形成的空间封闭感。因此，为了增强由地形构成的空间封闭感，最有效的办法就是将植物种植于地形顶端、山脊和高地，与此同时，让低洼地区更加透空，最好不要种植物。

植物还能改变由建筑物构成的空间。植物的主要作用是将各建筑物所围合的大空间分隔成许多小空间。例如，在城市环境和校园布局上，在楼房建筑构成的硬质空间中，用植物材料分隔出一系列亲切的、富有生命的次空间（图 1-1-11）。如果没有植被，城市环境就会显得冷酷、空旷、无人情味。

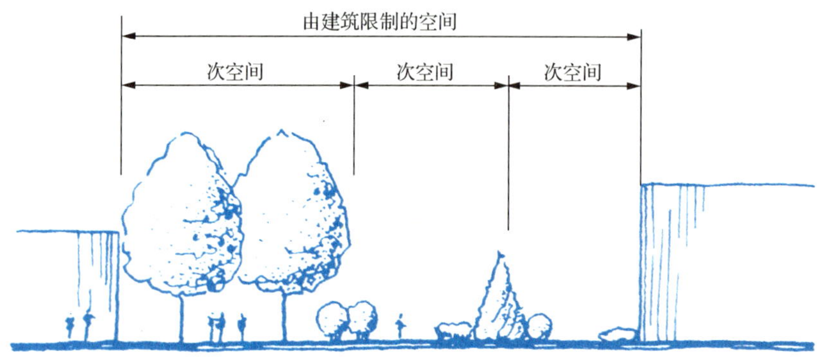

图 1-1-11　植物的空间分隔作用

1.1.2　障景

障景是古典园林艺术的一种常见手法，就是"一步一景、移步换景"，典型的应用是苏州园林，采用布局层次达到遮障、分隔景物，使人不能一览无余。植物材料如直立的屏障，能控制人们的视线，将所需的美景收于眼里，而将他物障于视线以外。障景的效果依景观的要求而定，若使用不通透的植物，能完全屏障视线通过，使用枝叶较疏透的植物，则能达到漏景的效果。为了取得有效的植物障景效果，风景园林设计师必须首先分析观赏者所在位置、被障物的高度、观赏者与被障物的距离及地形等因素。所有这些因素都会影响所需植物屏障的高度、分布及配植。因此，研究植物屏障各种变化的方案，首先应沿预定视线画出区域图（图 1-1-12），然后将水平视线长度和被障物高度准确地标在区域内，最后通过切割视线 A、B、C，确定屏障植物的高度和恰当的位置。

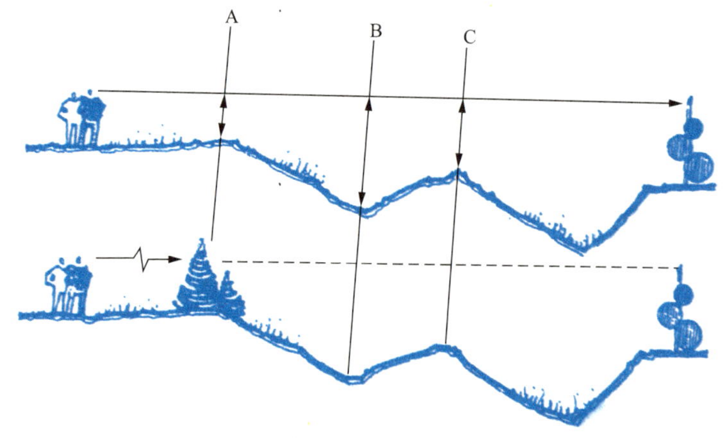

图 1-1-12　植物的障景作用

1.1.3 控制私密性

植物的控制私密性功能与障景功能大致相似。控制私密性就是利用阻挡人们视线高度的植物，对所限区域进行围合。控制私密性的目的，是将空间与其环境完全隔离（图1-1-13）。控制私密性与障景二者间的区别：前者围合并分隔一个独立的空间，从而封闭所有出入空间的视线；后者则是慎重种植植物屏障，有选择地屏障视线。私密空间杜绝任何在封闭空间内的自由穿行，障景则允许在植物屏障内自由穿行。在进行私密场所或居民住宅的设计时，往往要考虑私密控制。

图1-1-13 控制私密性

因为植物具有屏蔽视线的作用，所以私密控制的程度直接受植物的影响。若植物的高度高于2米，则空间私密感最强。齐胸高的植物能提供部分私密性（当人坐于此处时，具有完全的私密感）。齐腰的植物即使能提供私密性，产生的效果也是微乎其微的。

1.2 植物的观赏功能

在一个设计方案中，植物材料除了从建筑学的角度被运用于限制空间、建立空间序列、屏障视线及提供空间的私密性外，还有许多观赏功能。植物的建造功能则主要涉及设计的结构外貌，而观赏功能则主要涉及其观赏特性。植物的大小、色彩、形态、质地及与总体布局和周围环境的关系等，都能影响设计的美学特性。植物种植设计的观赏特性是非常重要的。这是因为任何观景者的第一印象都是对种植设计形式的反映。种植设计形式也能实现其他有价值的功能，如建立空间、改变温度及保持土壤。但是，如果设计形式不美观，它将不受欢迎。为了使人们满意，种植设计既要有引人注目的设计形式，又要有满足其他功能的独到之处。

微课：园林植物形态特征分类

微课：植物平面图例的表现

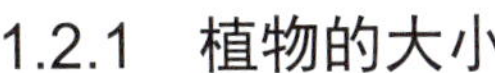

1.2.1 植物的大小

植物最重要的观赏特性之一就是它的大小。因此，在为设计选择植物素材时，应首先对其大小进行推敲。植物的大小直接影响空间范围、结构关系及设计的构思与布局。

微课：乔木的立面表现方法

1. 大中型乔木

从景观中的结构和空间来看，最重要的植物便是大中型乔木。当大中型乔木居于较小植物中时，它将占有突出的地位，可以充当视线的焦点（图 1-2-1）。大中型乔木在环境中的另一个建造功能，便是在顶平面和垂直面上封闭空间。大中型乔木的树冠和树干都能成为室外空间的“顶棚和墙壁”，这样的室外空间感，将随树冠的实际高度而产生不同程度的变化。大中型乔木在景观中还能营造阴凉的环境（图 1-2-2）。

图 1-2-1 高大树木在植物配植中的优势

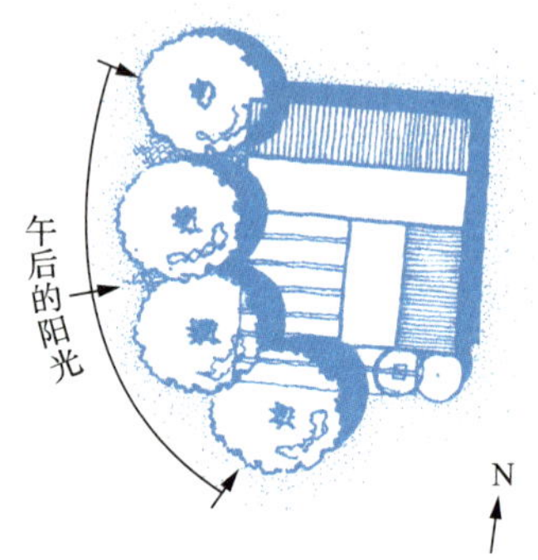

图 1-2-2 庭荫树在建筑空间中的应用

2. 小乔木

根据植物的大小，将高度为 6～10 米的植物归为小乔木。与大中型乔木一样，小乔木在景观中具有许多潜在的功能。小乔木也可作为焦点和构图中心，靠其大小或是观赏植物的花或果实来表现。

3. 大灌木

大灌木无明显主干，分枝多，高度为 3～6 米。与小乔木相比较，灌木不但较矮小，而且最明显的是缺少树冠。一般来说，灌木叶丛几乎贴地而长，小乔木则有一定距离，从而形成树冠或林荫。

4. 中灌木

中灌木是指高度在 1～2 米的灌木，可以是各种形态、色彩或质地。这些植物的叶丛通常贴地或仅微高于地面。中灌木的设计功能与矮小灌木基本相同，区别是围合空间范围较之稍大。此外，中灌木还能在构图中起到大灌木或小乔木与矮小灌木之间的视线过渡作用。

5. 矮灌木

成熟的矮灌木最高仅 1 米，但是矮灌木的高度必须在 30 厘米以上，因为低于这一高度的植物一般作为地被植物。矮灌木包括龟甲冬青、小叶黄杨、小叶女贞、绣线菊等。矮灌木种植在景观中可以将两个分离的群体连接成整体（图 1-2-3、图 1-2-4）。

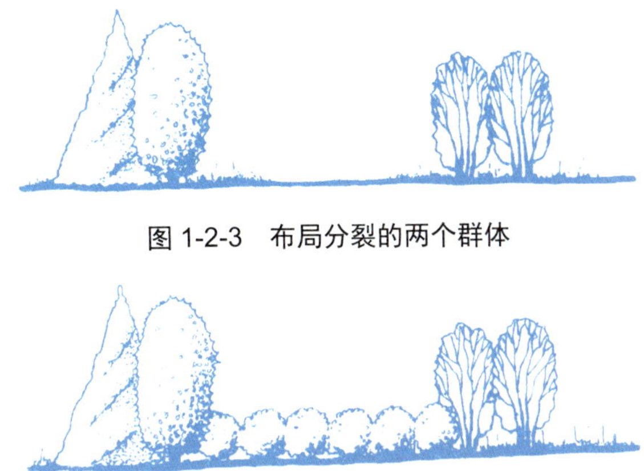

图 1-2-3 布局分裂的两个群体

图 1-2-4 矮灌木从视觉上连接两个群体形成整体

6. 地被植物

地被植物是指所有低矮、爬蔓的植物，其高度在 30 厘米以下的木本或草本。地被植物可以作为室外空间的植物性“地毯”或铺地，能引导视线。地被植物的实用功能还体现在为那些不宜种植草皮或其他植物的地方提供下层植被。地被植物还能稳定土壤，防止陡坡的土壤被冲刷。

1.2.2 植物的形态

单株或群体植物的外形是指植物从整体形态与生长习性上考虑大致的外部轮廓。虽然单株植物的形态特征不如其大小特征明显，但是它在植物的构图和布局上能影响统一性和多样性，在作为背景物及设计中的植物与其他不变的设计因素相配合中也是关键性因素。植物形态的基本类型有纺锤形、圆柱形、展开形、球形、圆锥形和垂枝形，见图 1-2-5。

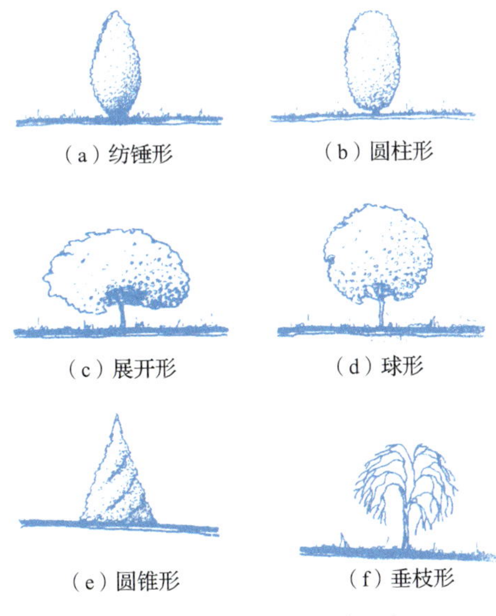

图 1-2-5 植物的各种形态

1. 纺锤形

纺锤形植物有池杉、圆柏。在设计中，纺锤形植物通过采用引导视线向上的方式突出空间的垂直面。

2. 圆柱形

圆柱形植物有喜树和法国冬青。圆柱形树冠基部与顶部均不开展，其形整齐、占据空间小，引导视线垂直向上，垂直景观效应明显。

3. 展开形

展开形植物有二乔玉兰、山楂和合欢。展开形植物的形状能使设计构图产生一种宽阔感和外延感。

4. 球形

球形植物主要有樟树、女贞、朴树及榕树。球形植物外形圆柔温和，可以调和其他外形较生硬的形体，也可以和其他曲线形因素相互配合、呼应。

5. 圆锥形

圆锥形植物的外观呈圆锥状，如水杉、池杉。圆锥形树冠从底部逐渐向上收缩成尖顶状，其总轮廓非常明显，有严肃、端庄的效果，可以成为视线焦点，尤其是与低矮的球形植物配植在一起时，对比强烈。

6. 垂枝形

垂枝形植物具有明显的悬垂或下弯的枝条。常见的植物有垂柳、垂枝槐等。垂枝形树冠可以营造优雅和平的气氛，给人以轻松、宁静之感，适合植于水边、草地等休息区。

毫无疑问，并非所有植物都能准确地符合上述分类。有些植物的形态极难描述，但是尽管如此，植物的形态仍是一个重要的观赏特征。不过，当植物以群体出现时，单株的形象便不明显，它的自身造型能力被削弱。在此情况下，整个群体植物的外观便成了重要的方面。

1.2.3 植物的色彩

植物的色彩可以被看作情感象征，这是因为色彩直接影响室外空间的气氛和情感。鲜艳的色彩可以营造一种轻快、欢乐的气氛，深暗的色彩则可以营造一种深沉、庄重的气氛。植物的色彩通过植物的各部分呈现出来，如通过树叶、花朵、果实、大小枝条及树皮等。树叶的主要色彩为绿色，其间也伴随着深浅的变化，呈现黄色、蓝色和古铜色（图 1-2-6），存在于春秋时令的树叶、花朵、枝条和树干之中。此外，植物的色彩在室外空间设计中能发挥很多功能，从而影响设计的多样性、统一性，以及空间的情调和感受。

图 1-2-6 树叶的色彩

1.2.4 植物的质地

植物的质地是指单株植物或群体植物直观的粗糙感和细腻感（图 1-2-7）。它受植物叶片的大小、枝条的长短、树皮的外形、植物的综合生长习性，以及观赏植物的距离等因素的影响。

图 1-2-7 粗质感趋向观赏者，细质感远离观赏者

1. 粗壮型

粗壮型通常由大叶片、浓密而粗壮的枝干及疏松的生长习性形成。具有粗壮质地的植物有梧桐、七叶树、龙舌兰、二乔玉兰、八角金盘、八仙花。当将粗壮型植物植于中粗型及细小型植物丛中时，会“跳跃”而出，首先被人看见，并有趋向观赏者的视觉效果。

2. 中粗型

中粗型植物是指那些具有中等大小叶片、枝干，以及具有适度密度的植物。它们往往充当粗壮型和细质型植物之间的过渡成分。

3. 细质型

细质型植物长有许多小叶片和微小脆弱的小枝，具有整齐密集的特性。鸡爪槭、绣线菊、锦熟黄杨都属细质型植物，它们具有远离观赏者的倾向。

总而言之，观赏植物的大小、形态、色彩和质地等，都是设计师在使用植物素材时卓有效用的因素。

1.3 植物的美学功能

本单元 1.1 节和 1.2 节大体上讨论了植物的各种功能的作用，或更确切地说，讨论了植物在景观中的造景作用。从观赏植物的特性来看，植物还能发挥许多美学功能。

从美学的角度看，植物可以在外部空间内，将一幢房屋形状与其周围环境联结在一起，统一和协调环境中其他不和谐因素，突出景观中的景点和分区，减弱建筑物粗糙、呆板的外观所产生的视觉效果，以及限制视线。这里应该指出，我们不能将植物的美学作用局限在将其作为美化和装饰材料的意义上。下面将详细叙述植物的美学作用。

1.3.1 完善作用

植物的完善作用是指植物通过采用重现房屋的形状和块面的方式，或通过采用将房屋轮廓延伸至其相邻的周围环境中的方式来完善某项设计和为设计提供统一性。例如，一个房顶的角度和高度均可以用树木来重现，这些树木具有与房顶同等的高度，或将房顶的坡度延伸融入环境中（图 1-3-1）。反过来，室内空间也可以直接延伸到室外环境中，方法就是利用种植在房屋侧旁、具有与屋顶同等高度的树冠。所有这些表现方式都能使建筑物和周围环境相协调，从视觉上和功能上看上去是一个统一体（图 1-3-2）。

图 1-3-1　植物与建筑互补，植物延长建筑轮廓线

图 1-3-2　树冠延续房屋顶棚，使室内外空间连为一体

1.3.2 统一作用

植物的统一作用就是充当一条普通的导线，将环境中所有不同的成分从视觉上连接在一起（图 1-3-3、图 1-3-4）。在户外环境的任何一个特定部位，植物都可以充当一种恒定因素，其他因素变化而自身始终不变。正是因为植物在此区域的永恒不变性，所以才将其他杂乱的景色统一起来。这一功能运用的典范是城市中沿街的行道树（图 1-3-5），在那里，每一间房屋或商店门面都不同。没有树的街景杂乱无章，协调性差。此外，沿街的行道树又可充当与各建筑有关联的联系成分，从而将所有建筑物从视觉上连接成一个统一的整体。

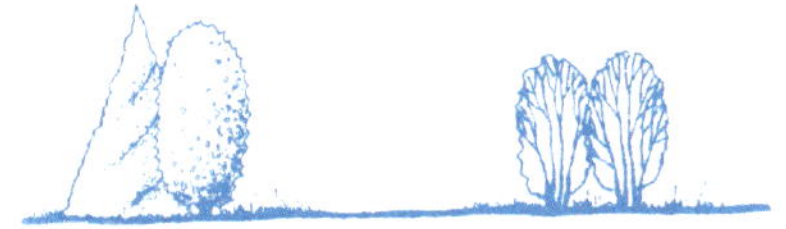

图 1-3-3　布局分裂的两个群体

图 1-3-4　小灌木从视觉上将两部分连成整体

图 1-3-5　行道树美化街景

1.3.3　强调作用

植物的另一美学作用，就是在户外环境中突出或强调某些特殊的景物，即强调作用。植物的这一功能是借助本身截然不同的大小、形态、色彩或与邻近环境不相同的质地来完成的。植物的这些相应的特性格外引人注目，它能将观赏者的注意力集中到其所在的位置。鉴于植物的这一美学功能，它极其适用于公共场所出入口、交叉点、房屋入口附近，或与其他突出可见的场所相互联系起来（图 1-3-6）。

图 1-3-6　植物对建筑物的强调作用

1.3.4　识别作用

植物的识别作用与植物的强调作用极其相似，就是指出或“认识”一个空间或环境中某景物的重要性和位置（图 1-3-7），植物能使空间更显而易见，更易被认识和辨明。植物特殊的大小、形态、色彩、质地或排列都能发挥识别作用。

图 1-3-7　植物对住宅入口的装饰及标识作用

1.3.5 软化作用

植物可以用在户外空间中软化或减弱形态粗糙及僵硬的建筑物所产生的视觉效果。无论何种形态、质地的植物，都比那些呆板、生硬的建筑物和无植被的城市环境显得柔和。被植物柔化的空间，比没有植物的空间更诱人，更富有人情味。

1.3.6 框景作用

植物对可见或不可见的景物，以及对展现景观的空间序列，都具有直接的影响。植物以其大量的叶片枝干封闭了景物两旁空间，为景物本身提供开阔的、无阻拦的视野，从而达到将观赏者的注意力集中到景物上的目的。采用这种方式时，植物如同众多的遮挡物，围绕在景物周围，形成一个景框（图 1-3-8）。

图 1-3-8 植物的框景作用

技能实训 当地园林绿化树木调查

一、实训目的

进一步识别园林树木，熟悉调查地点园林树木的形态特征、生态习性及园林用途等；掌握园林植物调查的基本方法；能对调查结果进行初步分析，为园林植物规划与配植提供依据。

二、实训场所

校园、居民区、广场或城市公园。

三、实训器材

记录夹、调查表、海拔仪、钢直尺、卷尺、测高器、放大镜、pH 试纸、数码相机、植物检索表、植物志、图鉴等。

四、实训内容和方法

1）教师现场讲解，指导学生调查，介绍调查方法及程序。

2）学生分组活动，可听取园林部门介绍调查地点的大体情况，再根据情况进行详细调查，逐棵清点数量，观察其立地条件及抗性、生长状况等，并做认真、准确的记录，包括树高、胸径（或基径、分枝径）、冠幅、生长势、耐阴性、抗病虫害程度、土壤类型、换土深度、地下水位、引种年限等。树种调查内容包括树种名称、生长特性、规格、观赏特性（叶、花、果、树形、树皮等）。

3）园林用途及景观效果调查。调查并描述主要树种的园林用途（行道树、庭荫树、防护树、观花树、观果树、观叶树等）、配植方式（孤植、丛植、林植、列植），并分析其景观效果。

4）立地条件调查内容包括光照、温度、坡向、地形、土壤类型、土壤水分、土壤肥力、病虫害危害程度、病虫种类及主要空气污染物、风等。

5）收集有关调查地点的自然环境、文化历史等方面的资料。

6）总结分析调查结果。剖析园林植物配植的成功与失败之处，提出树种改造、规划与选择方案。各组学生之间相互讨论所调查地点园林绿化树种的名称及特性、树种规划应遵循的基本原则及基调树种和骨干树种选择的注意事项等。

五、实训作业

认真填写园林绿化树种调查统计卡（表1-实-1）和地区园林树种调查统计表（藤本、灌木、丛木部分）（表1-实-2）。对调查资料进行整理、分析，撰写一篇园林绿化树种调查报告。

表1-实-1　园林绿化树种调查统计卡

年　月　日

<table>
<tr><td colspan="2">编号：</td><td>树种名称：</td><td>学名：</td><td colspan="2">科名：</td></tr>
<tr><td colspan="6">类别：落叶阔叶树□常绿阔叶树□针叶树□藤本□落叶灌木□常绿灌木□丛木□</td></tr>
<tr><td colspan="2">栽植地点：</td><td colspan="2">来源：乡土□引种□</td><td colspan="2">树龄：____年生</td></tr>
<tr><td colspan="6">冠形：椭圆形□长椭圆形□扇形□球形□尖塔形□展开形□伞形□卵形□倒卵形□</td></tr>
<tr><td colspan="4">干形：通直□稍曲□弯曲□</td><td colspan="2">生长势：强□中□弱□</td></tr>
<tr><td colspan="2">树高：_____米</td><td colspan="2">冠幅：东西____米，南北____米</td><td colspan="2">胸径或基径：____米</td></tr>
<tr><td colspan="6">其他重要性状：</td></tr>
<tr><td colspan="3">配植方式：孤植□丛植□列植□林植□</td><td colspan="3">繁殖方式：实生□扦插□嫁接□萌蘖□</td></tr>
<tr><td colspan="6">园林用途：行道树□庭荫树□防护树□观花树□观果树□观叶树□篱垣□垂直绿化□地被□</td></tr>
<tr><td rowspan="8">生长环境</td><td colspan="3">光照：强□中□弱□</td><td colspan="2">坡向：东□西□南□北□</td></tr>
<tr><td colspan="3">地形：坡地□平地□山脚□山腰□</td><td colspan="2">海拔：____米</td></tr>
<tr><td colspan="2">坡度：</td><td colspan="2">土层厚度：____米</td><td>土壤pH：</td></tr>
<tr><td colspan="3">土壤类型：</td><td colspan="2">土壤质地：沙土□黏土□壤土□</td></tr>
<tr><td colspan="3">土壤水分：水湿□湿润□干旱□极干旱□</td><td colspan="2">土壤肥力：好□中□差□</td></tr>
<tr><td colspan="3">病虫害危害程度：严重□较重□较轻□无□</td><td colspan="2">病虫种类：</td></tr>
<tr><td colspan="3">主要空气污染物：</td><td colspan="2">风：风口□有屏障□</td></tr>
</table>

续表

伴生树种：		其他：
标本号：	照片号：	调查人：

注：1. 行道树表：包括树种名称（附拉丁学名）、配植方式、树高（米）、胸径或基径（厘米），冠幅［东西（米）×南北（米）］、行株距（米）、栽植年份、生长势（强、中、弱）、主要养护措施及存在的问题等栏目。

2. 公园中现有树种表：包括园林用途类别树名（附拉丁学名）、胸径或基径（米）、估计年龄、生长势、存在的问题及评价等栏目。

3. 本地抗污染（烟、尘、有害气体）树种表：包括树种名称、高度、胸径、冠幅、估计年龄、生长势、生境、备注（环保用途及存在的问题）等栏目。

4. 城市及近郊的古树名木资源表：包括树种名称（附拉丁学名）、高度、胸径、冠幅、估算年龄及根据、生境及地址和备注等栏目；对于古树名木的调查应包括立地条件、树姿、树龄考证、相关传说、典故、逸事等。

5. 边缘（在生长分布上的边缘地区）树种表：包括树种名称、高度、胸围、冠幅、估计年龄、生长势、生境、地址和备注（主要养护措施、存在的问题及评价）等栏目。

6. 本地特色树种表：包括树种名称、高度、胸径、冠幅、年龄、生长势、生境、备注（特点及存在的问题）。

表 1-实-2　地区园林树种调查统计表（藤本、灌木、丛木部分）

类别：针叶□常绿□落叶□　　　　年　月　日

编号	树种	来源	树龄	调查株数	平均树高	平均基径	平均冠幅东西（米）×南北（米）	生长势			习性	备注
								强	中	弱		

资料来源：陈有民，2011．园林树木学[M]．2 版．北京：中国林业出版社．

注：①“习性”栏可分别填耐阴、喜光、耐寒、耐旱、耐淹、耐高温、耐酸、耐盐碱、耐瘠薄、抗风、抗病虫、抗污染等；②藤本、灌木、丛木应分别填表，勿混合填入一表。

六、考核评估

提交调查报告。

思考与练习

1. 名词解释

空间感　开敞空间　半开敞空间　顶平面空间　完全封闭空间　垂直空间　障景　地被植物　框景

2. 填空题

1）________、________、________和________是造园的 4 项重要内容。

2）观赏植物的________、________、________和________等，是设计师在使用植物素材时卓有效用的因素。

3）植物外形的基本类型为________、________、________、________、________和________。

4）植物的质地是指单株植物或群体植物直观的粗糙感和细腻感。它受植物________、

________、________、________，以及________等因素的影响。

3. 选择题

1）植物高度高于（　　）米，空间私密感最强。

A. 1　　B. 2　　C. 3　　D. 4

2）（　　）是园林中作观赏、组织、分隔空间、装饰、庇阴、防护、覆盖地面等用途的木本或草本植物。

A. 园林植物　　B. 草坪　　C. 园路　　D. 建筑物

4. 简答题

1）植物的建造功能有哪些？

2）植物的质地有哪些？

3）植物的控制私密性与障景功能有什么区别？

5. 论述题

试述园林植物的美学功能。

学习笔记

植物学基础

◎ 单元导读

植物学基础知识是园林植物设计与应用的基础。为了应用植物，设计好植物景观，就必须认识植物，了解植物，掌握与植物学相关的基础知识。本单元选编了种子植物的形态结构及植物分类学的相关知识，介绍不同类型的根、茎、叶、花、果实等植物器官的特点和观赏价值，作为学习园林植物应用的前期铺垫。

◎ 学习目标

知识目标

1. 掌握种子植物的形态结构和植物分类学的相关知识。
2. 掌握根、茎、叶、花、果实等植物器官的特点和观赏价值。

能力目标

1. 能够观察和描述植物的形态结构和特征。
2. 能够识别常见的园林植物。
3. 能够对常见的园林植物进行分类。

素养目标

1. 牢固树立生态保护意识，自觉践行守护自然资源的使命。
2. 增强审美能力，提升园林植物观赏水平。

有机体（除了最低等的病毒）都是由细胞构成的，作为多细胞有机体的植物也不例外，它是由许多形态和功能不同的细胞组成的。构成植物体的细胞长期适应不同环境条件，引起细胞功能和形态结构上的分化，由此形成各种不同的组织，各种组织有机地结合形成具有一定外部形态和内部构造，执行一定生理功能的器官。典型的种子植物具有根、茎、叶、花、果、实六大器官，执行不同的生理功能。其中，根、茎、叶执行养料、水分的吸收、运输、转化、合成，担负着植物体的营养生长，称为营养器官。花、果实、种子与植物产生后代有关，具有保持种族延续的功能，称为繁殖器官。这些器官有机地结合为一个整体，共同完成植物的新陈代谢及生长发育过程。

2.1 植物的根

根是植物的营养器官，是植物长期适应陆地生活的结果。习惯上把根称为地下部分，把枝干及其分枝形成的树冠称为地上部分，地上部分与地下部分的交界处称为根茎。除少数气生根外，一般植物的根生长在地面下。

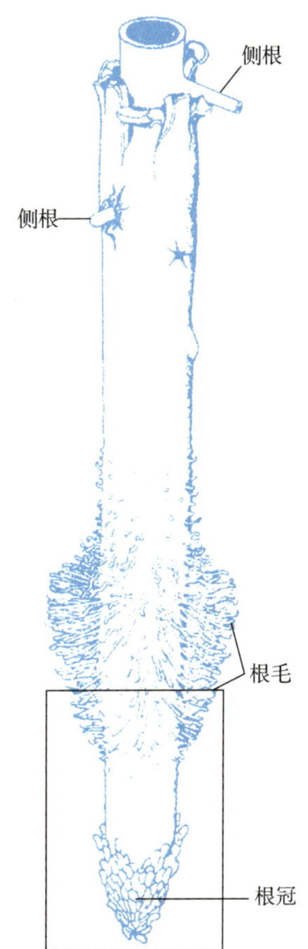

图 2-1-1　根尖构造

2.1.1　根的功能

1. 吸收功能

植物体所需要的水分、无机盐类大部分是靠根从土壤溶液中吸取的，根吸收作用最活跃的区域仅限于根尖部分，其构造见图 2-1-1。

2. 固着功能

只要沿着河床走，就可以观察到岸边暴露的大树根系，或者拔出杂草，也可以得到有关根的固着功能方面的第一手资料。某些植物可借其具有的变态器官，以某种特定的方式来固着。例如，常春藤从茎的一侧产生许多不定根，借以固着在其他物体表面。

3. 输导功能

根吸收的水分、无机盐通过根的维管组织输送到枝叶，而叶制造的有机物送到茎和根，以维持根的生长和生活需要。

4. 贮藏功能

通过胡萝卜可以看到根的贮藏功能，它贮藏大量养料而变得特别肥大、肉质化，成为特殊的贮藏器官，也成为人们生活中的食物。类似的根植物还有红薯、山药等。

2.1.2　根的类型和根系

1. 根的类型

视频：根的类型

种子植物的根有主根、侧根和不定根。

（1）主根

主根是指种子萌发时最早由胚根突破种皮向下生长形成的根。主根通常呈垂直状，向地下生长，入土较深。

（2）侧根

侧根是指主根生长到一定长度，在一定部位侧向从内部生出的许多支根。侧根的生长有一定方向，往往与主根形成一定的角度。侧根达到一定长度，又能生出新侧根，如果按照它们的次序，在主根上所生的侧根叫一级侧根，在一级侧根上所生的侧根叫二级侧根，二级侧根上所生的侧根叫三级侧根，如此分支下去，便形成一个庞大的根系。主根与侧根的关系见图 2-1-2。

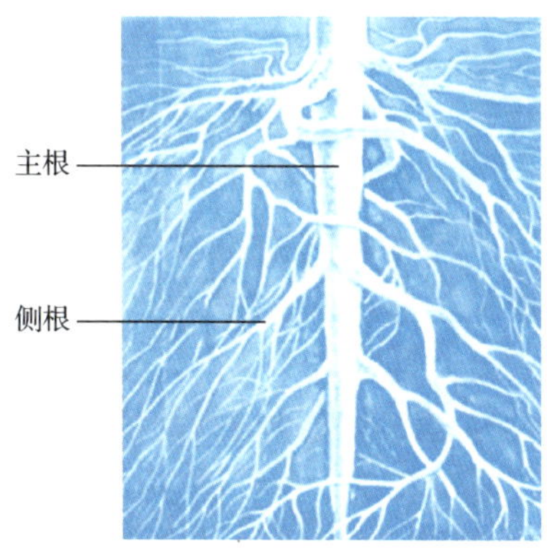

图 2-1-2　主根与侧根的关系

（3）不定根

不定根（图 2-1-3）是指由茎和叶上发育出来的根，多发生在茎节上。例如玉米，当植株在有根系长出后不久，即从最近土表的茎节上长出支柱根，这些支柱根具有根的正常功能，也起着支撑植株的作用。有时不定根并不在节上形成，如将柳树的一根插条插到湿润的土壤中，切口端就可以产生新根。榕树枝条上可以形成不定根，它们向下伸入泥土中即可在那里长大，并有效地支持着巨大的横枝。在印度某些地区把榕树视为圣树。过去，印度商人会在榕树的支柱根和伸展的枝中间设立露天市场。

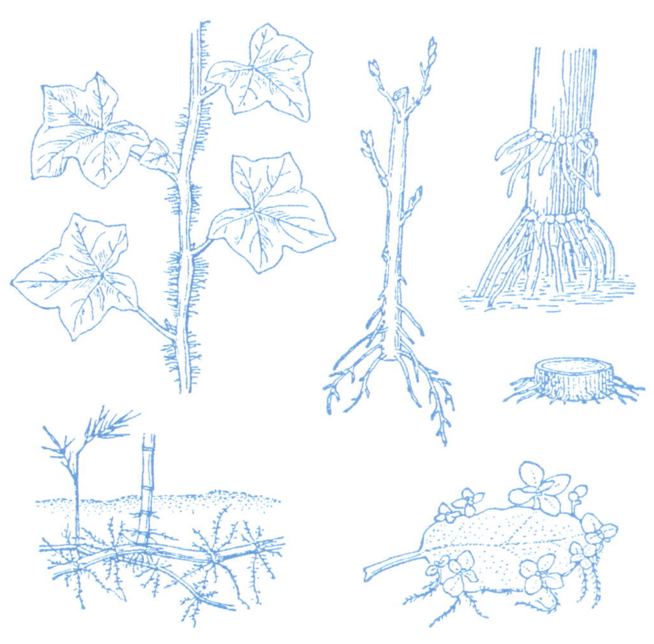

图 2-1-3　不定根

2. 根系

一株植物根的总和叫根系，根系有直根系和须根系两种类型。

（1）直根系

直根系（图 2-1-4）有明显的主根和侧根之分，如大多数双子叶植物和裸子植物，快速生长的直根系能够使植物很快地在土壤中向下穿入，以吸取深层的水源。有些植物的直根系明显超过植物地上部分的高度，具有这种根系的植物叫深根性植物，如马尾松成年后主根可深达 5 米以上，松树、柏树、广玉兰等也属于这类根系。

（2）须根系

须根系（图 2-1-5）是主根和侧根无明显区别的根系，或者根系全由不定根组成。单子叶植物根系多为须根系。例如，禾本科植物的主根长出后不久就停止生长或死亡，由胚轴和茎基部的节上生出许多不定根组成须根系。一般直根系分支层次明显，根系分布在土壤的深处；组成须根系的根粗细差不多，根系分布在土层的浅处。典型的一年生植物玉米或黑麦草在一个生长季节会形成一个巨大的须根系，根系呈丛生状，主根不发达，侧根向四周扩张，长度远远超过主根。棕榈、竹类等很多单子叶植物也属于须根系植物，一些乔木（如悬铃木）是须根系植物，它们的根系大部分分布在土壤表层，有 20～30 厘米深。

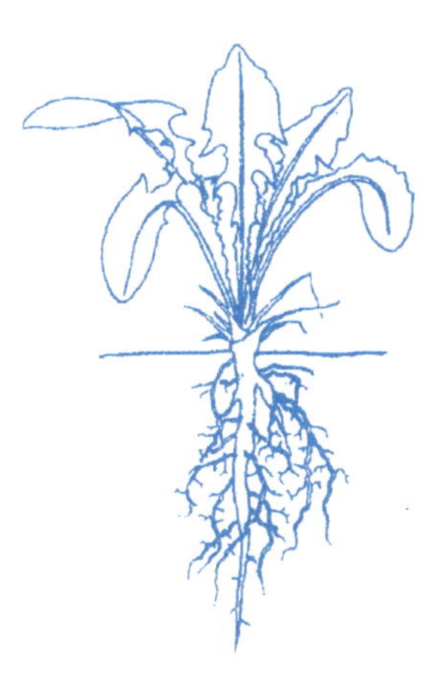

图 2-1-4　直根系

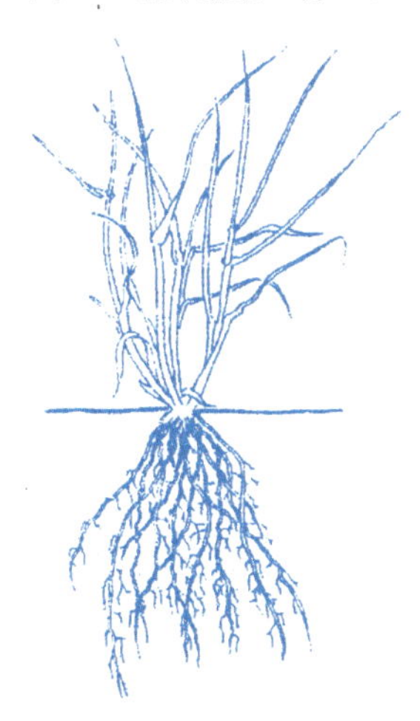

图 2-1-5　须根系

根系的深浅不但取决于植物的遗传性，而且取决于外界条件，特别是土壤条件，如土壤水分、土壤类型等。长期生长在河流两岸或低湿地区的树种，如柳树、枫杨等，在土表层就能获得充足的水分，因此根系发育为浅根性。生长在干旱或沙漠地区的植物，只能在土壤深层吸收水分，其根系一般为深根性，如沙漠中的植物，根可达 5 米深。生长在地下水位较低、土壤肥沃、排水良好地区的植物，其根系分布于较深的土层；反之，其根系则多分布在较浅的土层。另外，用种子繁殖的苗木主根明显，根系深；扦插和压条繁殖的苗木，无明显主根，根系分布浅。植物的根系特征是种植设计选择的重要依据之一。用作防风林带的树种，一般要选深根性树种，因为这类树种具有较强的抗风力。营造水土保持林，一般宜用侧根发达（固土能力强）的树种。营造混交林时，除考虑地上部分的相互关系外，还要注重选择深根性与浅根性树种的合理配植，以利于不同土层深度水分和养分的充分吸

收与利用。在建筑物周边种植时，需考虑根系与建筑基础的关系，选用浅根系或根系离建筑基础要有一定距离，一般乔木要求距离建筑基础5米左右。

2.1.3 根系的生长特点

1. 根系的年生长动态

树木根系没有自然休眠期，只要条件合适，就可全年生长或随时可由停顿状态迅速过渡到生长状态。生长势的强弱和生长量的大小，随土壤温度、水分、通气条件及树体内的营养状况而异。但根系的生长在一年中是有周期性的，根的生长与地上部分有关，且往往与之生长交错进行。一般根系生长要求温度比萌芽低，因此，春季根开始生长比地上部分早。春季根开始生长即出现第一个生长高峰，其发根量与树体贮藏营养水平有关，然后地上部分开始迅速生长，而根系生长趋于缓慢。当地上部分生长趋于停止时，根系生长又出现一个大高峰，表现为强度大、发根多。落叶前根系还可能有一次生长小高峰。有些树种的根系在一年内可能有多个生长高峰。据报道，美国山核桃的根的生长高峰一年内可达8次。松、柏类一般秋冬停止生长，阔叶树冬季根在粗度上有缓慢生长。生长季节，根系在一昼夜内的生长也是动态变化的。对葡萄和李子的根进行观察发现，其夜间的生长量和发根数多于白天。

2. 根系的生命周期

根系生长速度随植物逐渐衰老而趋于缓慢，并逐年与地上部分的生长保持一定的比例关系，在整个生命过程中，根系始终发生局部的自疏与更新。待根系达到最大幅度后，发生向心更新。当树木衰老时，地上部分濒于死亡，根系仍能保持一段时间的寿命。至于须根，从形成到壮大直至衰亡，一般有数年的寿命。

根系的生长发育很大程度上受土壤环境条件的影响。土壤温度、湿度、通气条件、营养状况、土壤类型、土层厚度、母岩分化及地下水位对根系的生长与分布都有影响。

根系的生长动态与植树或移栽都有着密切的关系，一般植树季节应选在适合根系再生和枝叶蒸腾量最小的时期。在四季分明的温带地区，一般以秋冬落叶后至春芽前的休眠时期最为适宜。就多数地区和大部分树种来说，以晚秋和早春为最好。晚秋是植物地上部分进入休眠，而根系仍能生长的时期；早春是气温回升，土壤刚解冻，植物根系已能生长，而枝芽尚未萌发之时。树木在晚秋和早春，因为树体储藏营养丰富，土温适合根系生长，而气温较低，地上部分还未生长，蒸腾较少，所以容易保持和恢复以水分代谢为主的平衡。至于春栽好还是秋栽好，世界各国学者历来有许多争论。主张秋栽为好的占多数，但从生产实践看，因各地具体条件不同，不可拘泥于一说。大致上，冬季寒冷地区和在当地不甚耐寒的树种宜春栽；冬季较温暖和在当地耐寒的树种宜秋栽。冬季，从植株地上部分蒸腾量少这一点来说，也是可以进行移栽的，但要看树种（尤其是根系）的抗寒能力，只有在当地抗寒性很强的树种才可以进行移栽。夏季由于气温高，植株生命活动旺盛，一般不适合移栽，但如果夏季正值雨季的地区，由于供水充足，土温较高，有利根系再生，空气湿度大，地上蒸腾少，在这种条件下可以进行移栽。但只有选择春梢停长的树种，抓紧连绵阴雨时期进行，或配合其他减少蒸腾的措施（如遮阴）才能保证成活。至于具体到一个地区的植树季节，应根据当地的气候特点、树种类别、任务大小及技术力量而定。

2.1.4 根的变态

在自然界中由于环境的变化，植物的器官因适应某一特殊环境而改变自身原有的功能，因此也改变自身的形态和结构，经过长期的自然选择，已改变的形态和结构成为该种植物的特征。这种与一般形态和结构不同的变化，称为变态。根的变态有以下几种主要类型。

图 2-1-6 贮藏根

1. 贮藏根

贮藏根贮藏养料，肥厚多汁，形状多样，常见于二年生或多年生草本双子叶植物，如萝卜的肉质直根（由主根发育而来）、兰花的肉质根、红薯的块状根（图 2-1-6）。

2. 气生根

气生根是指生长在地面以上空气中的根。早先它们被认为具有吸收水分的能力，其实根上的细胞壁通常富含角质和蜡质，更多的作用是防止水分散失，吸收水分主要是由叶来完成的。因作用不同，气生根又分为支柱根、攀缘根和呼吸根。

1）支柱根。树枝上产生多数下垂的气生根，它们都可以伸入土壤，产生侧根，称为支柱根。榕树的支柱根在热带和亚热带可以形成“独木成林”的景观（图 2-1-7）。

图 2-1-7 支柱根

2）攀缘根。常春藤、络石、凌霄等植物在细长柔软的茎上形成气生根，以固着在其他物体表面，攀缘上升，称为攀缘根（图 2-1-8）。

图 2-1-8 攀缘根

3）呼吸根。生在海岸腐泥中的红树和池边的水松，它们都有许多支根从腐泥中向上生长，挺立在腐泥外空气中，称为呼吸根（图 2-1-9）。

图 2-1-9 呼吸根

3. 寄生根

寄生植物茎上发育的侵入寄主体内以获取养料和水分的根，称为寄生根（图 2-1-10）。例如，菟丝子，叶退化为小鳞片，不能进行光合作用，借助突起状的根伸入寄主茎组织中，吸取寄主体内的养料和水分。

图 2-1-10 寄生根

2.1.5 根瘤与菌根

1. 根瘤

豆科植物的根上常生有各种形态的瘤状突起，称为根瘤（图 2-1-11）。根瘤是土壤中一

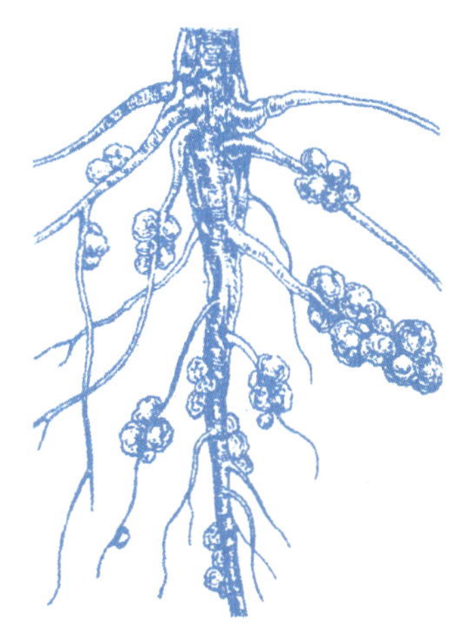
图 2-1-11　根瘤

种细菌（根瘤菌）侵入根内而产生的共生体。根瘤菌穿过根毛细胞的细胞壁而进入根毛，然后沿根毛向内侵入皮层，一方面，根瘤菌在皮层细胞内迅速分裂繁殖，使细胞充满根瘤菌；另一方面，受根瘤菌侵入的皮层细胞，因根瘤菌分泌物的刺激也迅速分裂增殖，产生大量新细胞，使皮层部分的体积膨大和凸出，从而形成根瘤。

根瘤菌的最大特点是具有固氮作用，根瘤菌中的固氮酶能把空气中的游离氮（N_2）转变为氨（NH_3），为植物体的生长发育提供可以利用的含氮化合物，同时，根瘤菌也从根的皮层细胞中吸取生长发育所需的水分和养料。根瘤菌可以分泌一些含氮物质到土壤中，或有一些根瘤自根部脱落，可以增加土壤肥力，并被其他植物利用，因此，生产上常施用根菌肥或用豆科植物与其他作物套作、轮作或间作，可以达到少施氮肥、提高土壤肥力的目的。另外，具有根瘤的根系和残株遗留在土壤中也能增加土壤肥力。

除豆科植物外，桤木、核桃、罗汉松、苏铁等植物的根上都具有根瘤。近年来，把固氮菌中的固氮基因转移到其他农作物和经济植物中，已成为分子生物学和遗传工程的研究目标之一。

2. 菌根

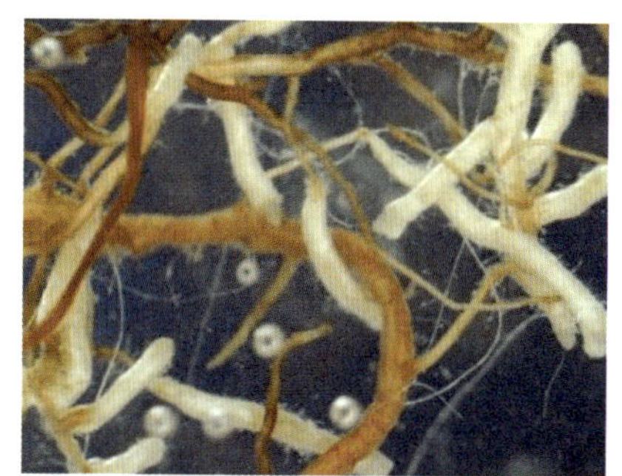
图 2-1-12　菌根

菌根是植物的根与土壤中的真菌形成的共生体（图 2-1-12）。菌根主要有外生菌根和内生菌根两种类型。外生菌根的菌丝不进入根细胞中，在根的表面形成菌丝体，由菌丝代替根毛的功能，增加根系的吸收面积，如松、云杉、山毛榉、鹅耳枥等植物的根上常有外生菌根。内生菌根的菌丝通过细胞壁侵入细胞内，形成丛枝状分枝，如桑科、葡萄科、胡桃科、杜鹃科及兰科植物的根上具有内生菌根。此外，有些植物则是内、外菌根合生，如草莓、苹果树、银白杨和柳的根。

真菌与高等植物共生，能够加强植物根的吸收能力，把菌丝吸收的水分、无机盐等供给绿色植物使用，以帮助植物生长，同时还能产生植物激素和维生素等刺激根系的发育，增进植物根部的输导和吸收作用，并分泌水解醇类，促进根周围有机物的分解，从而对高等植物的生长发育产生积极作用。高等植物把它所制造的糖类及基酸等有机养料提供给真菌，以满足真菌生长发育的需要。菌根和种子植物的关系是共生关系，真菌将吸收的水分、无机盐和转化的有机物质供给种子植物，而植物把它所制造和储藏的有机养料供给真菌。此外，菌根还可以促进根细胞内储藏物质的分解，促进根系生长。

很多造林树种在没有相应的真菌存在时，就不能正常地生长。例如，松树在没有菌根的土壤里，吸收养分很少，以致生长缓慢，甚至死亡。同样，某些真菌如果不与一定植物

的根共生将不能存活。在林业生产中，应用人工方法接种和感染所需要的真菌，使其长出菌根，可以大大提高根的吸收能力，以利于在荒地上成功造林。目前，已发现有2000多种高等植物能形成菌根，其中很多是造林树种，如银杏、侧柏、桧、毛白杨和椴等。

2.1.6 根的观赏

一些古老的树木因地质的变迁、洪水的冲击或根的增粗生长而裸露在地面上（图2-1-13）或盘绕于干，给人以苍劲稳健的感觉。例如，高山上的松树常因根穿于岩缝之间而组合成为佳景，盆景中的老树盘根错节，正是园艺师模仿植物的天姿而创造的大自然缩影；榕树以下垂的气生根形成“独木成林”的景观（图2-1-14）；常春藤、薜荔、络石以攀缘气生根成为岩石园、庭院的美化材料。

图2-1-13 裸露在地面上的根

图2-1-14 形成“独木成林”景观的榕树

2.2 植物的茎

2.2.1 茎的形态

视频：茎的类型

茎是植物地上部分的骨干，其上着生叶、花和果实，多数呈圆形，也有三棱形（莎草科植物）、四棱形（迎春花、方竹、唇形科植物）和其他变态。茎的中心通常是充实的，但也有中空的，如竹子。茎的长短、大小差别很大，短的只有几厘米，长的可达100米以上。茎和根的区别也就是茎的形态特征，主要表现在以下两点。

1. 茎有节和节间之分

茎上着生叶和芽的部位称为节，相邻两节之间的无叶部分称为节间。有些植物茎上的节很明显，如玉米和各种竹子的茎。不同植物茎的长短不一，有些植物节间很长，如瓜类植物长达数十厘米；有些植物节间短，如蒲公英节间极度缩短，被称为莲座状植物。同种植物中也有节间长短不一的茎，节间长的称为长枝，节间短的称为短枝。例如，雪松的长枝上叶散生，短枝上叶簇生；苹果的长枝长叶，短枝着果，也称为果枝。

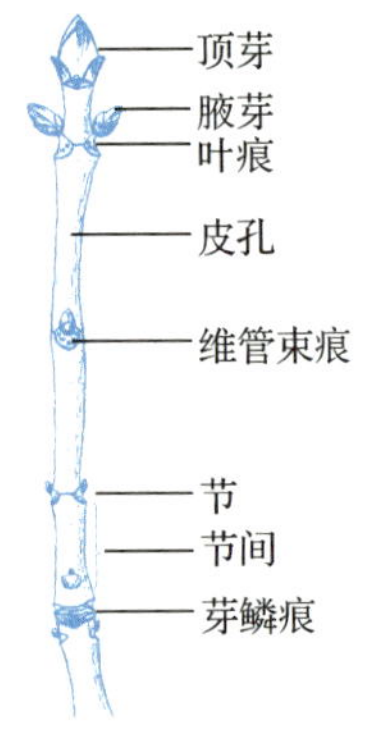

图 2-2-1　枝条的外形

2. 茎的节上着生叶，在叶腋和茎的顶端有芽

如图 2-2-1 所示，茎的节上可以生一至几片叶，着生叶和芽的茎称为枝，茎上的叶子脱落后留下的痕迹称为叶痕，同样，小枝脱落后在茎上会留下枝痕；在有的植物的茎上还可以看到芽鳞痕，这是鳞芽展开时其外的鳞片脱落后留下的痕迹，可以根据芽鳞痕来判断枝条的年龄；在有的植物的茎上可以见到形状各异的裂缝，这是茎上的皮孔，皮孔是周皮上的通气结构，是植物气体交换的通道，皮孔的形态、大小与分布因植物不同而异。因此，落叶乔木和灌木可以利用冬枝的叶痕、芽鳞痕、皮孔作为鉴别植物的依据。

3. 芽的概念和类型

（1）芽的概念

芽是幼态未伸展的枝、花或花序，包括茎尖分生组织及其外围的附属物。也就是说，枝、花或花序尚未发育的雏体就是芽。

（2）芽的类型

以后发展成枝或叶的芽称为枝芽（branch bud），发展成花或花序的芽称为花芽（floral bud），既形成花又形成叶的芽称为混合芽（mixed bud），如梨、苹果、石楠、白丁香、海棠等的芽。枝条顶端生的芽称为顶芽（terminal bud），叶腋处生的芽称为腋芽（axillary bud），芽因生在枝的侧面，也称为侧芽（lateral bud）。大多数植物的叶腋内有一个腋芽，但也有的植物叶内可以生长两个以上的芽，一般将中间先生出的一个芽称为主芽，其他的芽称为副芽（accessory bud），如刺槐、紫穗槐有一个副芽，而桃和皂荚有两个副芽。有些植物的侧芽为庞大的叶柄基部所覆，直到叶子脱落后才显露出来，称为柄下芽（sub-petiolar bud），如悬铃木。有鳞片包被的芽称为鳞芽（scaly bud），无鳞片包被的芽称为裸芽（naked bud）。

另外，还有许多芽不是生长在枝顶或叶腋，而是生长在茎的节间，老茎、根或叶上，这些没有固定着生部位的芽，被称为不定芽（adventitious bud）。在营养繁殖时常常利用不定芽，与此相对应，常把顶芽和腋芽称为定芽（normal bud）。依据芽的生理状态又分为活动芽（active bud）和休眠芽（dormant bud）。在当年生长季节可以开放形成新枝、花或花序的芽，称为活动芽，一般一年生草本植物的芽是活动芽，而多年生木本植物，通常只有顶芽和顶芽附近的侧芽开放为活动芽。下部的芽在生长季节不活动，保持休眠状态，始终以芽的形式存在，称为休眠芽。有的休眠芽长期不活动，当顶芽受到损害生长受阻后才接替生长发育，也可能在植物一生中都保持休眠状态。

2.2.2　茎的质地

从质地上看，茎有木质茎和草质茎之分，具有木质茎的植物称为木本植物，具有草质

茎的植物称为草本植物。木本植物茎内木质部发达，茎干支持力量强，植物往往长得十分高大，植物死亡后茎干仍然直立。草本植物茎内木质部不发达，茎干支持力量弱，植株矮小，植物死亡后茎干多倒伏。裸子植物只有木质茎，双子叶植物既有木质茎又有草质茎。木质茎出现较早，坚硬而粗大，寿命较长，有的可达上千年。幼树的木质茎含有叶绿素，能进行光合作用，如果茎增大形成周皮，光合作用的能力就会消失。随着树龄增大，木质特征越来越明显。草质茎一般柔软，绿色，寿命较短，绝大多数一年生草本植物的茎是草质茎。

2.2.3 茎的生长方式

不同植物的茎在长期的进化过程中有各自的生长习性，以适应外界环境，使叶在空间充分展开，尽可能地充分接受日光照射，制造自己需要的营养物质，并完成繁殖后代的生理功能，由此产生直立茎、缠绕茎、攀缘茎、匍匐茎4种主要的生长方式（图2-2-2）。

图2-2-2 茎的4种生长方式

1. 直立茎

直立茎背地面而生，直立。大多数植物的茎是直立茎。

2. 缠绕茎

茎幼时较柔软，不能直立，以茎本身缠绕于其他支柱上升。缠绕茎的缠绕方向，有些是左旋的，即按逆时针方向，如茑萝、牵牛花等的茎；有些是右旋的，即按顺时针方向，如忍冬等的茎。有些植物的茎既可左旋，又可右旋，称为中性缠绕茎，如何首乌的茎。

3. 攀缘茎

攀缘茎较柔软，不能直立，以特有的结构攀缘支持物上升。攀缘茎按攀缘结构的性质可以分为以下5种。

1）以卷须攀缘的茎，如葡萄、丝瓜、黄瓜等的茎。

2）以气生根攀缘的茎，如常春藤、络石、薜荔等的茎。

3）以叶柄攀缘的茎，如旱金莲、铁线莲等的茎。

4）以钩刺攀缘的茎，如白藤等的茎。

5）以吸盘攀缘的茎，如地锦等的茎。

有缠绕茎和攀缘茎的植物统称藤本植物。不少有观赏价值的藤本植物，如茑萝、凌霄、紫藤、葡萄等在栽培技术上，必须根据它们的生长习性，及时和适当地搭好棚架，使枝叶得以合理展开，获得充分的光照，以达到最佳景观效果。

4. 匍匐茎

匍匐茎细长柔软，沿着地面蔓延生长，一般节间较长，如草莓、铺地柏、旱金莲、狗牙根草等的茎。

2.2.4 茎的分枝方式

分枝是植物茎生长时普遍存在的现象，由于分枝的结果，植物形成庞大的枝系。每种植物有一定的分枝方式，种子植物常见的分枝方式有单轴分枝、合轴分枝和假二歧分枝等（图 2-2-3）。

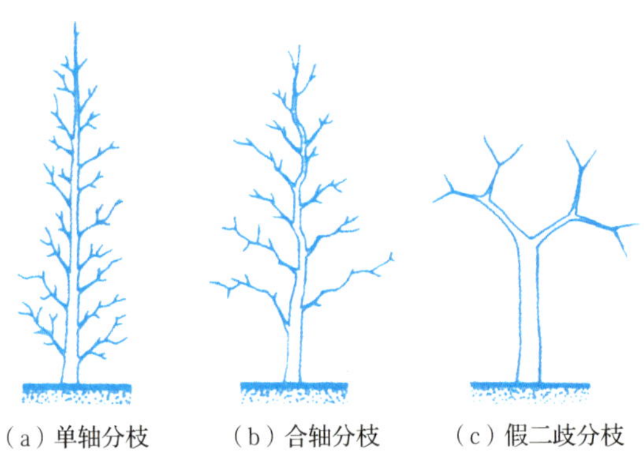

（a）单轴分枝　（b）合轴分枝　（c）假二歧分枝

图 2-2-3　茎的分枝方式

1. 单轴分枝

植物在生长过程中，主茎的顶芽活动始终占优势，不断向上生长形成主轴，侧芽发育形成侧枝，侧枝以同样的方式形成次级侧枝，但主轴的生长明显，并占绝对优势，因此形成发达而通直的主茎。这种分枝方式叫单轴分枝。裸子植物和一些被子植物（如松、杉、柏类，杨树类、山毛榉类）的分枝方式均属于单轴分枝。单轴分枝的树材高大通直，适用于建筑、造船等，而且出材率较高（图 2-2-4）。

图 2-2-4 单轴分枝形成的树形

2. 合轴分枝

植物在生长过程中，没有明显的顶端优势，顶芽只活动很短的一段时间后便死亡，或生长极为缓慢，或转变为花芽，紧邻下方的腋芽开放长成侧枝，代替原来的主轴向上生长。生长一段时间后，侧枝的顶芽同样地被下方的腋芽取代，如此反复，这种分枝方式称为合轴分枝。合轴分枝使树冠呈展开形，更利于通风透光。大部分被子植物（如榆、柳、苹果、梨、槭树、无花果、菩提树、番茄、马铃薯等）的分枝方式为合轴分枝（图 2-2-5）。

图 2-2-5 合轴分枝形成的树形

3. 假二歧分枝

在合轴分枝中，有一种特殊情况，即顶芽下面两个对生的腋芽发展成两个相同的侧枝，这种特殊的合轴分枝称为假二歧分枝，如丁香、梓树、泡桐树、七叶树、茉莉花、石竹等对生叶序的植物的分枝方式。从外表上看，假二歧分枝与真正的二歧分枝相似，因此而得名。真正的二歧分枝多见于低等植物，在一些高等植物（如苔藓、蕨类）中也存在。

合轴分枝是较为进化的分枝方式。有些植物，在同一植株上有两种不同的分枝方式，如白玉兰既有单轴分枝又有合轴分枝。有些树木，在苗期为单轴分枝，生长到一定时期变为合轴分枝。合轴分枝还有多生花芽的特性。在同属植物中，单轴分枝的种，果少而成熟迟；合轴分枝的种，则果多而成熟早。如果在一株植物上，同时具有单轴分枝与合轴分枝，则单轴分枝的枝条为不结实的营养枝，而合轴分枝的枝条多为结果枝。合轴分枝形成的树冠有更大的开展性。在林业上，为获得粗大、挺直的木材，单轴分枝有其特殊的意义；对于观花、果或经济作物，合轴分枝是最有意义的。

了解芽与分枝的关系，可以有目的地利用和改变植物的分枝方式。例如，可选择不同形状的树冠的树种，进行植物配植，营造景观效果，满足不同的功能和观赏要求。

2.2.5 茎的变态

茎除了具有支持、输导和其他功能，还可以产生适应其他功能的变态。

1. 根状茎

根状茎是平展的地下茎，外形与根相似，但有节、节间，可以贮存丰富的养料。节上的腋芽可以发育成新的地上枝。例如，鸢尾的叶和花柄都产生于正在生长着的根状茎的顶端［图 2-2-6（a）］；竹鞭就是竹的根状茎，有明显的节，笋就是由竹鞭的叶腋内伸出地面的芽，可发育成竹的地上枝；藕［图 2-2-6（b）］就是荷花的根状茎。

（a）鸢尾的根状茎　　（b）荷花的根状茎——藕

图 2-2-6　根状茎

2. 球茎

球茎是一种直立、肥厚、缩短的地下茎（图 2-2-7），在球茎上可以看到一些叶腋中有芽，如荸荠、唐菖蒲、芋、慈姑等。

图 2-2-7　唐菖蒲球茎

3. 鳞茎

鳞茎不同于球茎，它的养料贮藏在叶状的片中，鳞茎的部分细小，但至少有一个中央的顶芽会产生一个直立的营养枝。此外，至少有一个腋芽，这种芽在第二年会长出鳞茎，如水仙、百合、洋葱、大蒜等（图 2-2-8）。

图 2-2-8　百合鳞茎

4. 块茎

块茎是由细长根状茎的顶部膨大而形成的，如马铃薯。马铃薯有 3 种类型的茎：①普通的地上茎；②细长的地下根状茎；③细长的根状茎顶端膨大的块茎。在成熟的马铃薯上可以看到已经脱落的根状茎留下的痕。马铃薯的块茎上还有节和节间、侧芽和一个顶芽，这些芽都可以发育成直立茎。

5. 茎卷须

卷须是卷曲的纤长结构，具有敏感的触觉和支持植物的攀附作用。形态学上有两种卷须：叶卷须和茎卷须。茎卷须存在于节上叶腋内，并且卷须是分叉的。例如葡萄和五叶地锦（图 2-2-9），五叶地锦的卷须与它所附着的表面相接触时，会在每个卷须端变成扁平的盘状吸器。

图 2-2-9　茎卷须

6. 叶状茎

叶状茎也称叶状枝，是一类形如叶状并执行叶功能的绿色茎，其上可以产生花、果实及退化的叶（图 2-2-10）。例如，假叶树属、各种仙人掌都具有叶状茎。

图 2-2-10 叶状茎

7. 茎刺

茎转变为刺，成为茎刺、枝刺。火棘、枳、皂荚都具有枝刺（图 2-2-11）。枝刺像普通枝，也着生在叶腋中，有时枝刺上带有叶，而且可以有分枝，这些证明了枝刺是变态茎。但是，在月季茎上的刺叫皮刺，是由表皮形成的，与内部结构无联系。

（a）枳的枝刺

（b）皂荚的枝刺

图 2-2-11 茎刺

2.2.6 茎的观赏

茎是植物的三大营养器官之一，是连接叶和根的轴状结构，为了便于授粉和种子传播，花和果也在茎上形成。茎起源于种子幼胚的胚芽和胚轴，茎的侧枝起源于叶腋的芽，茎一般生长在地面上，也有些植物的茎生于地下或水中，茎为水和无机养料从根到叶提供了一条通道，同时提供了有机养料、激素和其他代谢产物在植物各部分之间传递的途径。此外，茎还有贮藏和繁殖作用，如马铃薯、慈姑、荷花的地下茎。

视频：枝干的基础赏析知识

树木茎（枝）的观赏与其姿态、色彩、高度、质感和其他因素密切相关。

乔木中以枝干为主要观赏特性的树种比比皆是，具体如下。

1. 枝干色彩

植物的枝干色彩见表2-2-1。

表2-2-1　植物的枝干色彩

植物名称	枝干色彩
紫竹（图2-2-12）	暗紫色
马尾松、杉木、红桦	红褐色
棣棠、梧桐、竹子（图2-2-13）	绿色
白桦树（图2-2-14）、毛白杨、朴树	白色或灰白色
白皮松、悬铃木	斑驳色
黄金碧玉竹	黄绿相间色

图2-2-12　紫竹的枝干

图2-2-13　竹子的枝干

图2-2-14　白桦树的枝干

2. 枝干质感

植物的枝干质感见表2-2-2。

表2-2-2　植物的枝干质感

植物名称	枝干质感
紫薇、柠檬桉	细腻光滑
柏树、榆树、云杉	粗犷雄劲

3. 枝干姿态

植物的枝干姿态见表2-2-3。

表2-2-3　植物的枝干姿态

植物名称	枝干姿态
佛肚竹、大肚树（图2-2-15）	大腹便便
龟甲竹	布满奇节
银杏、银桦、梧桐	主干通直，气势轩昂
白皮松	青枝白干，树形秀丽

图 2-2-15　大肚树

2.3 植物的叶

叶是种子植物制造有机养料的重要器官，也是植物进行光合作用的主要器官。叶的绿色薄壁细胞内含有叶绿体，它可以吸收光能，并通过光合作用把光能转变为化学能。同时，叶的蒸腾作用可将植物吸收的超过代谢需用量的水变为水蒸气重新送回到大气中。此外，叶还具有吸收功能，根外追肥就是通过叶面使植物吸收利用肥料的。

2.3.1 叶的组成

一般植物的叶由叶片、叶柄和托叶 3 个部分构成（图 2-3-1）。叶片是薄而平展的绿色扁平体，不同植物叶片的形状差异很大。叶柄位于叶片的基部，连接叶片与枝（茎），不仅是二者之间物质交流的通道，还能支持叶片通过本身的长短和扭曲使叶片处于光合作用有利的位置。托叶是叶柄基部两侧所生的附属物，通常细小、早落，托叶的有无及形状随植物种类不同而不同，如豌豆的托叶为叶状，梨的托叶为线状，刺槐的托叶为刺状，蓼科植物的托叶形成托叶鞘。

图 2-3-1　叶的组成

具有叶片、叶柄、托叶 3 个部分的叶称为完全叶，如梨、桃、豌豆、月季（图 2-3-2）等。缺少其中一部分或两部分的叶称为不完全叶。无托叶的不完全叶的植物较为普遍，如茶花、丁香、紫藤、黄杨等。有些植物有托叶，但早期脱落。有些植物的叶无叶柄，如莴苣、生菜等。缺少叶片的植物极为少见，如我国的台湾相思树（图 2-3-3），除幼苗外，植株的所有叶均不具有叶片，而由叶柄扩展成扁平状，代替叶片的功能，称为叶状柄。

图 2-3-2 月季

图 2-3-3 台湾相思树

此外，禾本科植物等单子叶植物的叶，从外形上仅能区分为叶片和叶鞘两个部分，为无柄叶。在叶片和叶鞘交界处的内侧，生有很小的膜状突起物，称为叶舌，能防止雨水和异物进入叶鞘的筒内。在叶舌两侧，有从叶片基部边缘处伸出的两片耳状的小突起，称为叶耳（auricle）。叶耳、叶舌的有无、形状、大小和色彩等，可以作为鉴别禾本科植物的依据。

2.3.2 叶的形态

叶片的大小和形状在不同种类的植物中有很大的不同，但对一种植物而言是比较稳定的特征，可以作为鉴别植物的依据之一。但叶片的大小和形状并不是最好的鉴定特征，因为叶形会因环境而变化。

1. 叶片的大小

不同植物的叶片大小不同，柏树的叶细小，呈鳞片状，长仅几毫米；芭蕉的叶片长达 2 米；王莲的叶片直径可达 2.5 米，叶面能负荷重量 40～70 千克，小孩坐在上面像乘小船；而亚马逊酒椰的叶片长可达 22 米，宽达 1.2 米。

2. 叶片的形状

叶片的形状主要根据叶片的长度和宽度的比值及最宽处的位置来决定。常见叶片的形状有针形、椭圆形、倒心形、羽状裂、渐尖、镰状、倒卵形、肾形、尾尖、扇形、卵圆形、菱形、心形、戟形、圆形、匙形、楔形、披针形、卵形、矛形、三角形、线形、掌状、钻形、指状、浅裂、鸟趾状、截形等类型（图 2-3-4）。

3. 叶尖的形状

植物叶尖的形状常见的有渐尖、急尖、突尖、芒尖、尾尖、卷须状、二裂、锐尖、凹缺、短尖、凸尖、圆钝、微凹、圆形、截形、刺尖、撕裂状、刺齿（图 2-3-5）。

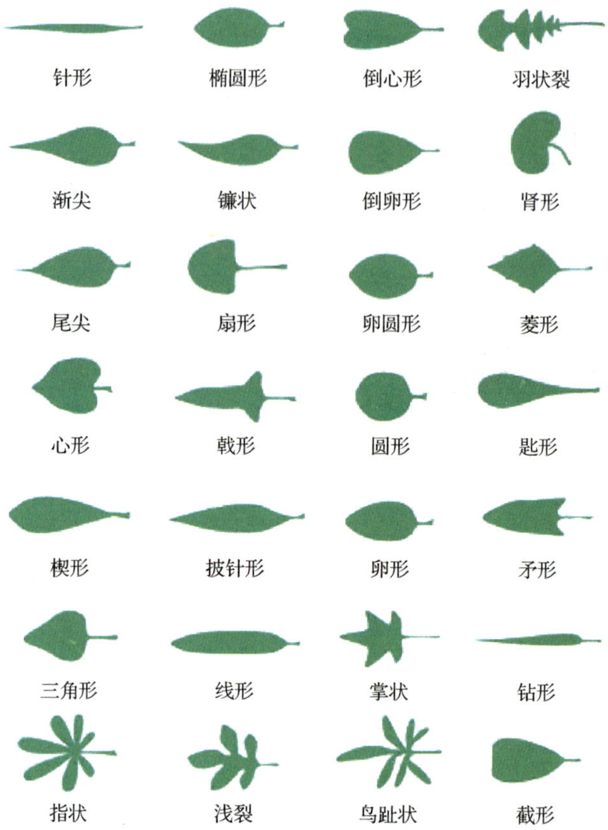

针形 椭圆形 倒心形 羽状裂
渐尖 镰状 倒卵形 肾形
尾尖 扇形 卵圆形 菱形
心形 戟形 圆形 匙形
楔形 披针形 卵形 矛形
三角形 线形 掌状 钻形
指状 浅裂 鸟趾状 截形

图 2-3-4　叶片的形状

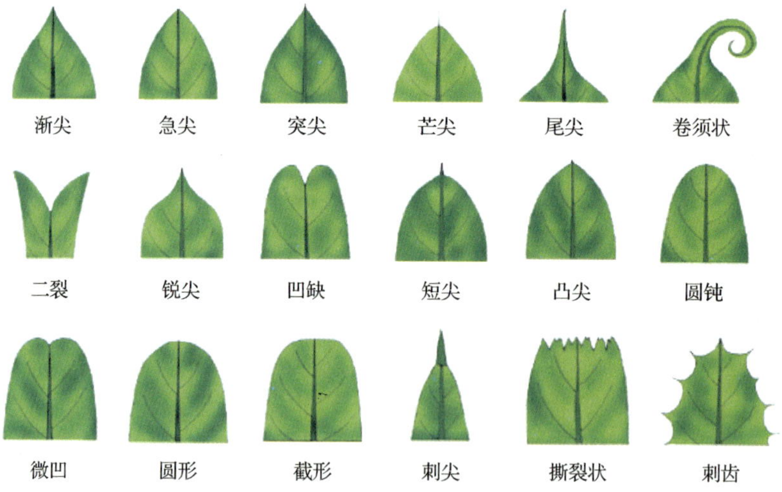

渐尖 急尖 突尖 芒尖 尾尖 卷须状
二裂 锐尖 凹缺 短尖 凸尖 圆钝
微凹 圆形 截形 刺尖 撕裂状 刺齿

图 2-3-5　叶尖的形状

4. 叶基的形状

就叶基而言，主要的形状有心形、圆形、圆钝等，与叶尖的形状相似，只是在叶基部分出现。此外，还有楔形、抱茎、渐狭、有耳、贯穿、下延、戟形、舌状、偏斜、盾状、

箭形、平截等（图 2-3-6）。

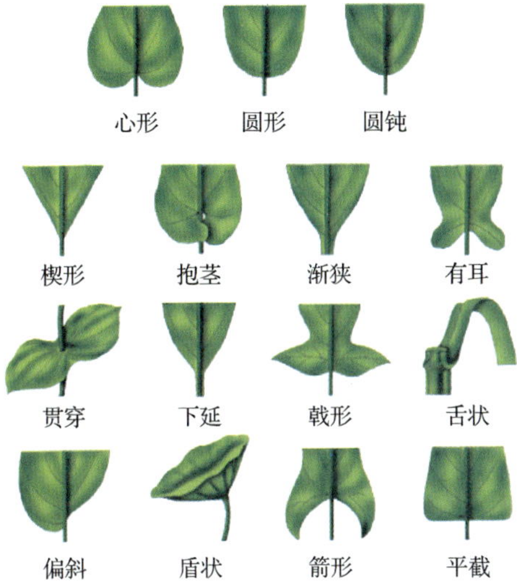

图 2-3-6　叶基的形状

5. 叶缘的形状

就叶缘来说，主要形状有全缘、刺齿、睫毛状、圆锯齿、细圆锯齿、牙齿、小牙齿、锯齿、细锯齿、重锯齿、不规则锯齿、反卷、波状、浅裂、皱波状、掌状（图 2-3-7）。

图 2-3-7　叶缘的形状

2.3.3 叶脉

1. 叶脉的概念

叶脉是贯穿在叶肉内的维管组织及外围的机械组织，是叶肉输导组织和支持组织结构，通过叶柄的维管组织与茎内的维管组织相连。

2. 脉序的类型

叶片上叶脉的排序称为脉序。通常，种子植物的脉序主要有网状脉序、平行脉序和叉状脉序 3 种类型（图 2-3-8）。

（a）网状脉序

（b）平行脉序

（c）叉状脉序

图 2-3-8 脉序的类型

（1）网状脉序

网状脉序是指由主脉分出更多的支脉，支脉上再分出更多的小脉，各支脉与小脉相互联结成网的脉序。网状脉序是多数双子叶植物的叶脉类型。网状脉序可根据主脉分出侧脉的方式再分为羽状网脉、掌状网脉。羽状网脉有条明显的主脉，主脉向两侧发出各级侧脉，组成网状；掌状网脉由叶基分出多条主脉，各主脉再分枝组成网状。

（2）平行脉序

平行脉序是各条叶脉近于平行排列，主脉与侧脉间有细脉相连的脉序。平行脉序是单子叶植物叶脉的特征。平行脉序可以分为直出平行脉序和侧出平行脉序。直出平行脉序是各叶脉由叶基部平行直达叶尖，如竹类、水稻、小麦的脉序。侧出平行脉序是中央主脉明显，侧脉垂直于主脉，彼此平行，直达叶缘，如香蕉、美人蕉、芭蕉的脉序。各叶脉自基部以辐射状态分出，称为辐射平行脉，如蒲葵、棕榈的脉序。脉自基部平行发出，但彼此逐渐远离，稍呈弧状，最后集中在叶尖汇合，称为弧形脉，如车前草的脉序。

（3）叉状脉序

叉状脉序是指叶脉作二叉分枝，并可有多级分枝的脉序，如银杏、蕨类植物的脉序。叉状脉序是一种比较原始的脉序，在蕨类植物中较为普遍，而在种子植物中少见。

视频：叶的识别——叶形及叶序

2.3.4 叶序

叶序是指叶在茎上的分布格局。常见的叶序有以下几种类型（图 2-3-9）。

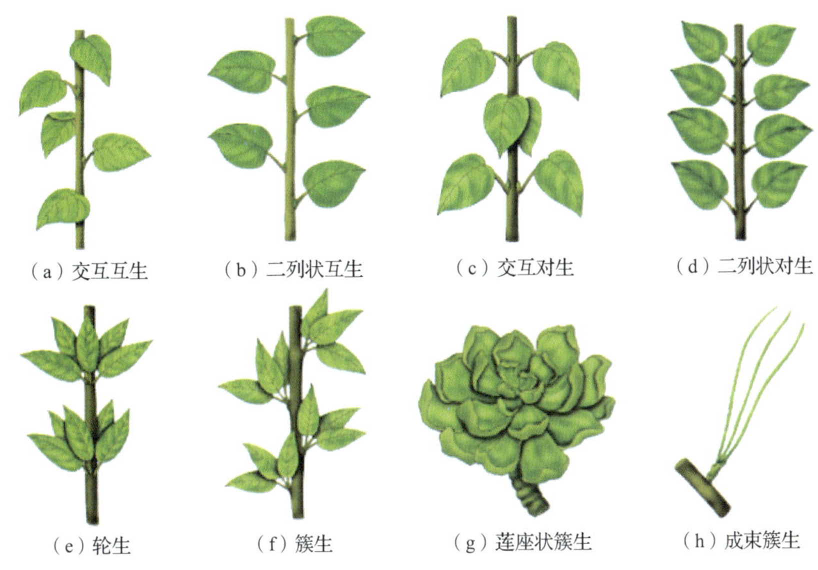

图 2-3-9　叶序的类型

1. 互生叶序

互生叶序是指每节上只生一叶的叶序，交互而生，如樟、白杨、悬铃木等的叶序。

2. 对生叶序

对生叶序是指每节上生两叶，相对排列的叶序。在对生叶序中，一个节上的两叶与上下相邻一节的两叶交叉成十字排列，称为交互对生，如丁香、女贞、石竹等的叶序。

3. 轮生叶序

轮生叶序是指每节上生三叶或三叶以上，呈辐射状排列的叶序，如夹竹桃、百合等的叶序。

4. 簇生叶序

簇生叶序是指枝的节间极度缩短，叶成簇生于短枝上的叶序，如银杏、雪松、枸杞、落叶松等的叶序。

2.3.5　单叶与复叶

视频：叶的识别——单叶与复叶

1. 单叶和复叶的概念

各种植物的一个叶柄上所生叶片的数目是不同的。一个叶柄上只生一个叶片的，称为单叶（如桃、李等），单叶的叶片是一个整体。一个叶柄上生两个以上叶片的叶，称为复叶（如槐），复叶的叶柄可以称叶轴或总叶柄。总叶柄上着生许多的叶，称为小叶，每个小叶的叶柄称为小叶柄。小叶的排列方式因植物而异。

2. 复叶的类型

复叶依小叶排列的状态分为掌状复叶、羽状复叶、三出复叶、单身复叶。

复叶的类型见图 2-3-10。

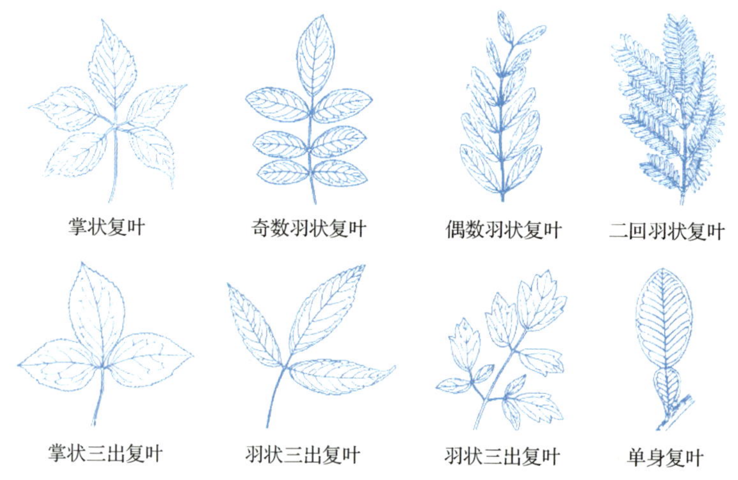

图 2-3-10 复叶的类型

（1）掌状复叶

掌状复叶是叶轴上生四片以上的小叶片，且均排列在叶轴的顶端，如七叶树的叶。

（2）羽状复叶

羽状复叶是小叶片都生在叶轴的两侧，呈羽毛状排列，其中小叶片总数为单数者，叫奇数羽状复叶，如月季和刺槐的叶；小叶片总数为偶数者，叫偶数羽状复叶，如皂荚的叶。在羽状复叶中，总叶柄不分枝，称为一回羽状复叶，如月季的叶；总叶柄分枝一次，称为二回羽状复叶，如合欢的叶；总叶柄分枝两次，称为三回羽状复叶，如南天竹的叶。

（3）三出复叶

三出复叶是叶轴上生三片小叶，如果三出复叶三个小叶柄是等长的，则称为掌状三出复叶，如巴西橡胶、迎春花的叶；如果顶端小叶柄较长，则称为羽状三出复叶，如苜蓿的叶。

（4）单身复叶

复叶中也有一个叶轴只具有一个叶片的，称为单身复叶，如柑橘、柚的叶。单身复叶是由三出复叶两侧的小叶退化而形成的，可以看到总叶柄顶端与小叶连接处有明显的关节。

小叶具有单叶的特征，特别当小叶较大或很多时，可能无法分辨这种结构是单叶还是复叶。其实，二者有着本质上的区别：第一，一般小枝的顶端有顶芽，而复叶的叶轴顶端没有顶芽；第二，小枝上每一单叶的叶腋内有腋芽，而复叶的小叶叶腋处无腋芽，腋芽生在总叶柄的叶腋处；第三，单叶在小枝上以一定的角度伸向不同的方向，而复叶中的小叶与总叶柄在两个平面上伸展；第四，落叶时小枝上只有叶脱落，而复叶先是小叶脱落再是叶轴（总叶柄）脱落。

2.3.6 叶的变态

叶除了执行光合作用，还可以发生变态（图 2-3-11），具有其他功能。

1. 鳞叶

叶特化成鳞片状，称为鳞叶。鳞叶有两种情况：一种是木本植物的鳞芽外的叶，呈褐色，具有茸毛或黏液，有保护芽的作用；另一种是地下茎上的鳞叶，如荸荠、慈姑上的膜质鳞叶，呈褐色膜状。

鳞叶（洋葱）

叶刺（仙人掌）

叶卷须（须叶藤）

苞片（珙桐）

捕虫叶（猪笼草）

图 2-3-11 叶的变态

2. 叶刺

各种仙人掌的叶、小檗长枝上的叶、洋槐的托叶已完全变为刺，有时很难区分。

3. 叶卷须

豌豆的羽状复叶，先端的一些叶片变成卷须，有了攀缘作用。

4. 苞片

生于花下面的变态叶称为苞片，有保护花芽或果实的作用，如菊科植物花序外的苞片。

5. 捕虫叶

在食虫植物中，叶变成囊状（狸藻）、盘状（茅膏菜）、瓶状（猪笼草），这些叶在未获得动物性食料时仍能生存，但有适当动物性食料时能结出更多的果实和种子，原因尚未确定。

2.3.7 叶的观赏

视频：叶的基础赏析知识

植物的叶具有极其丰富多彩的形态，是构成植物景观的重要因素。不同的叶具有不同的观赏特点，如棕榈、蒲葵、椰子、槟榔均具有热带情调，但前两者的掌状叶形给人以朴素之感，后两者的大形羽状叶可以使人产生轻快洒脱的联想。

叶片的质地可以使植物产生不同的质感，革质的叶片具有较强的反光能力，有光影闪烁之效果；纸质、膜质叶片常呈半透明状，给人以恬静之感；粗糙多毛的叶片，则多富有野趣。

叶的颜色也具有极大的观赏价值，叶色变化丰富，难以用笔墨形容，即使是技艺高超的绘画者也很难调配出其所具有的色彩。园林工作者若能充分掌握并加以巧妙的设计安排，则能创作出神奇之作。根据叶色的特点可分为如下几类。

1. 绿色类

绿色虽属叶子的基本颜色，但仔细观察则有嫩绿、浅绿、鲜绿、浓绿、黄绿、赤绿、褐绿、蓝绿、墨绿、亮绿、暗绿之分。将不同颜色的树木搭配在一起，能形成美好的色感。例如，在暗绿色针叶树丛前，配植黄绿色树冠，会形成满树黄花的效果。

1）叶色呈浓绿色的树木有油松、圆柏、雪松、云杉、侧柏、山茶、女贞、桂花、槐树、榕树、毛白杨、构树等。

2）叶色呈浅绿色的树木有水杉、落羽杉、金钱松、七叶树、鹅掌楸、玉兰。

2. 春色叶类

有的树木的叶色因季节和气候不同而发生变化，例如栎树在早春呈鲜嫩的黄绿色，夏季呈正绿色，秋季则变为黄褐色。在园林工作中，除对树木在夏季的绿叶加以研究外，尤其应注意其春季及秋季叶色的显著变化。对春季新发生的嫩叶有显著不同叶色的树种，统称为“春色叶树”。例如，山麻秆的春叶呈鲜红色，香椿的春叶呈紫红色，石楠的春叶呈红色，黄连木的春叶呈紫红色，柳树的春叶呈淡绿色（图 2-3-12）。这类树木如果种植在浅灰色建筑物前或浓绿色树丛前，则能产生类似开花的观赏效果。

（a）香椿

（b）石楠

图 2-3-12　春色叶植物

3. 秋色叶类

凡在秋季叶子有显著色彩变化的树种，均称为“秋色叶树”或“秋景树”。

1）秋叶呈红色或紫红色的树木有鸡爪槭、五角槭、枫香、地锦、五叶地锦、茶条槭、小檗、樱花、漆树、盐肤木、黄连木、柿树、黄栌、南天竹、乌桕、石楠、卫矛、山楂等。

2）秋季呈黄色或黄褐色的植物有银杏、鹅掌楸、梧桐、榆树、槐树、白桦、无患子、栾树、悬铃木、水杉、落叶松、金钱松、栓皮栎、麻栎、加拿大杨（图 2-3-13）等。

（a）卫矛

（b）无患子

图 2-3-13　秋色叶植物

这些仅是秋叶之一般变化，实则在红与黄中，又可细分为许多类别。在园林工作实践中，由于秋色期较长，故秋色叶树木被各国人民所重视。例如，我国北方每到深秋观赏黄栌的红叶，南方则以枫香树、乌桕的红叶著称。在欧美的秋色叶中，以北美红栎、桦类等最为夺目；而在日本，则以槭树类最为普遍。

4. 常色叶色

有些树木的变型或变种，其叶常年均为异色，而不必待秋季来临，特称为“常色叶树”。全年树冠呈紫色的有紫叶小檗、紫叶李、紫叶桃等；全年叶均为金黄色的有金叶鸡爪槭、金叶雪松、金叶圆柏等。

5. 双色叶类

某些树种的叶背与叶表的颜色显著不同，在微风中有特殊的闪烁变化效果，这类树种称为“双色叶树”，如银白杨、胡颓子、栓皮栎、红背桂、油橄榄等。

6. 斑色叶类

有些植物的绿叶上有其他颜色的斑点和花纹，如桃叶珊瑚、变叶木、四季秋海棠、金叶鸡爪槭、金心黄杨、金边黄杨、金叶雪松、金边小叶女贞、金边大叶黄杨等（图 2-3-14）。

（a）金边小叶女贞

（b）金边大叶黄杨

图 2-3-14　斑色叶植物

除上述关于叶的各种观赏特性外，还应注意叶在树冠上的排列。在上部枝条的叶与下部枝条的叶之间，叶片排列呈各式镶嵌状，因而组成各种美丽的图案，尤其当阳光将这些图案投影在平整的地面上时，会产生很好的艺术效果。

有的树木的叶片会挥发出香气，如松树、樟科树种及柠檬桉等，均能使人感到精神舒畅。

此外，叶还有音响效果。针叶树最易发声，因此自古以来就有以“松涛”“万壑松风”的匾额来赞颂园景之美。

2.4 植物的花

种子植物从种子萌发时起，就不断进行着生长和发育，在以营养生长为基础的前提下，经过一定时期，满足了光照、温度等因素的要求，以及某些激素的诱导作用后，在茎上孕育着花原基并发育成花（flower）。从植物系统进化和植物形态学的角度来看，花实际上是一种不分枝且节间短缩的、适于生殖的变态短枝。花柄是枝条的一部分，花托是花柄顶端略为膨大的部分，花萼、花冠、雄蕊和雌蕊是着生于花托上的变态叶。在植物的个体发育中，花的分化标志着植物从营养生长进入生殖生长。花是被子植物特有的有性生殖器官，是形成雌雄生殖细胞和进行有性生殖的场所。被子植物通过花器官完成受精、结果、产生种子等一系列有性生殖过程，以繁衍后代、延续种族。同时，花和果实是受环境变化影响最小的，因此在被子植物分类上十分重视花的形态。花还有高度的美学观赏价值，果实和种子在食物生产上又极为重要。

2.4.1　花的组成

视频：花的构造

一朵完整的花包括 5 个部分，即花柄、花托、花被、雄蕊群、雌蕊群。一朵具备 5 个部分的花称为完全花（图 2-4-1），有一部分或两部分缺少不全的花称为不完全花。

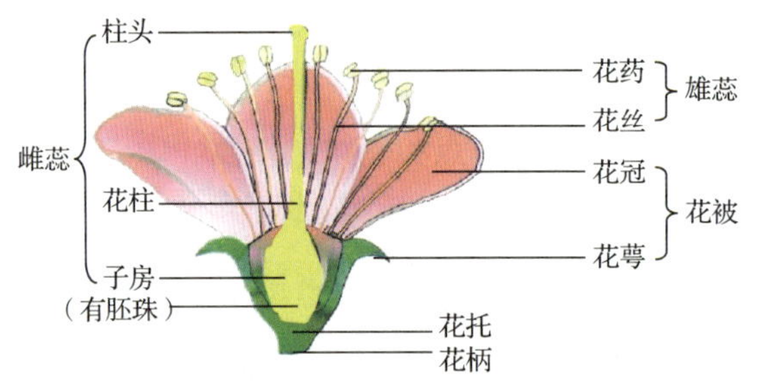

图 2-4-1　花的组成

1. 花柄

花柄又称花梗，是着生花的小枝，也是花和茎相连的通道。花柄的内部结构和茎相同，当果实形成时，花柄变为果柄。花柄有无或长短因植物种类而异，如垂丝海棠的花柄很长，而贴梗海棠的花柄就很短，有些植物的花没有花柄。花柄有具分枝的，也有不分枝的。分枝的花柄称为小花梗，顶端着生一花。

2. 花托

花托是花柄的顶端，是花萼、花冠、雄蕊和雌蕊着生的部位。在多数植物中花托略微膨大。花托的形状随植物种类而异，如白玉兰的花托伸长为圆柱状；草莓的花托肉质化隆起呈圆锥形；莲的花托膨大呈倒圆锥形；蔷薇、桃的花托呈杯状或壶状；柑橘的花托扩大为盘状，能分泌蜜汁；花生的花托在雌蕊基部形成短柄状，在花完成受精后能迅速伸长，形成雌蕊柄，将子房推入土中，发育为果实。西番莲的花托在雄蕊群和花冠间延伸成柄，称为雌雄蕊柄。

3. 花被

花被是花萼和花冠的总称，当花萼与花冠的形态相似不易区分时，可统称为花被，如

洋葱、百合。花被由扁平状瓣片组成，在花中主要起保护作用。

花被由于形态和作用的不同，可分内外两部分，在外的称为花萼，在内的称为花冠，两者俱全的花称为双被花，如油菜、豌豆、番茄等；仅有花萼或花冠的花，多称为单被花，如荔枝、板栗等；也有花被完全不存在的花称为无被花，如杨柳等。

（1）花萼

花萼是花最外一轮的变态叶，由若干萼片组成。萼片完全分离的称为离萼，如山茶。萼片合生的，构成合萼，合生部分称为萼筒。有些植物的萼筒伸长成一细小的管状突起，称为距，如凤仙花、旱金莲等植物的花萼。有些植物的花在花萼之外还有一轮类似萼片的结构，称为副萼，如锦葵、棉花、草莓。萼片通常在花开之后脱落，但有些植物直到果实成熟时，花萼仍然存在，称为宿存萼，如茄、柿等。花萼通常呈绿色，主要有保护花蕾、幼果和进行光合作用的功能。有些植物花萼颜色鲜艳，有引诱昆虫传粉的作用，如一串红。有的植物的萼片变为冠毛，有助于果实传播，如蒲公英。

（2）花冠

花冠位于花萼的内侧，由若干花瓣组成，排列成一轮或多轮花瓣，花瓣细胞内含有花青素或有色体，颜色绚丽多彩。含花青素的花瓣显红色、蓝色、紫色（由细胞内细胞液的酸碱度决定）等。含有色体的呈黄色、橙黄色或橙色。有的花瓣两种情况都存在，呈现出各种颜色，两者都没有的呈现白色。花瓣基部有分泌蜜汁的腺体，可以分泌蜜汁和香味，有的还能分泌挥发油类，产出特殊的香味。花冠的色彩和芳香及蜜汁都有招致昆虫传送花粉的作用，为进一步完成有性生殖创造了有利条件。与萼片一样，花瓣有分离、连合之分，完全分离的花称离瓣花，如桃花、毛茛；花瓣连合在一起的，称合瓣花，如牵牛花、矮牵牛、西红柿花等。花瓣也有形成距的，如凤仙花。

由于花瓣的分离连合，花冠筒的长短、花冠裂片的形状及大小不同，形成各种类型的花冠。

4. *雄蕊群*

雄蕊群是一朵花中所有雄蕊的总称。典型的雄蕊由花丝和花药两部分组成。花丝为雄蕊下部的细长的柄状部分，其基部着生于花托上，上部承托花药；花药为花丝顶部膨大的囊状体，内有花粉。

花药在花丝上的着生方式包括全着药（花药全着生在花丝顶端）、基着药（花药仅基部着生于花丝顶端）、丁字着药（花药横卧，以背部中央的一点着生于花丝顶端，整个雄蕊呈丁字形）、内向药（雄蕊花药开裂面向着雌蕊）、外向药（雄蕊花药开裂面背着雌蕊），见图 2-4-2（a）。

花药开裂的方式包括瓣裂（在花药的侧壁上裂成几个小瓣，花粉由瓣下的小孔散出）、孔裂（在花药顶端开一小孔，花粉由小孔散出）、横裂（沿花药中部呈横向裂开）、纵裂（沿花药中部呈纵向裂开），见图 2-4-2（b）。

雄蕊是花的重要组成部分之一。花中雄蕊的数目因植物种类而不同，如丁香花有两枚雄蕊，桃花有多数雄蕊。雄蕊通常是分离的，如桃、牡丹，称离生雄蕊；但也有各种方式连合的，如单体雄蕊（花药分离，花丝连合成一体）、二体雄蕊（花丝连合成二束）、多体雄蕊（花丝连合成多束）、聚药雄蕊（花丝分离，花药合生）、二强雄蕊（花中雄蕊二长二短）、四强雄蕊（花中雄蕊四长二短），见图 2-4-2（c）。

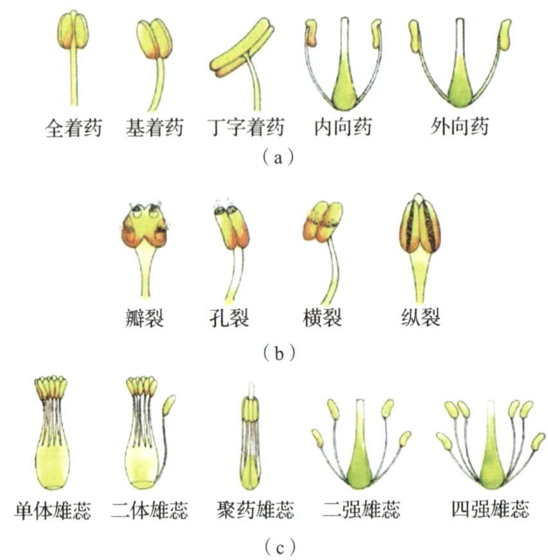

图 2-4-2　雄蕊群

5. 雌蕊群

雌蕊群是一朵花中所有雌蕊的总称，但多数植物的花只有一个雌蕊。雌蕊位于花的中央或花托顶部，是花的另一个重要组成部分。雌蕊由柱头、花柱和子房 3 个部分组成。柱头位于雌蕊的上部，是承受花粉的地方，常常扩展成各种形状。花柱位于柱头和子房之间，一般较细长，是花粉萌发后，花粉管进入子房的通道。子房是雌蕊基部膨大的部分，外为子房壁，内包藏着胚珠，受精后整个子房发育为果实，子房壁成为果皮，胚珠发育为种子。由一个心皮构成的雌蕊称为单雌蕊，如大豆、桃；由两个或两个以上心皮构成的雌蕊，称为复雌蕊；如果心皮彼此，形成一朵花内有多个分离的雌蕊，则称为离生雌蕊，如白玉兰、草莓、蔷薇等；如果几个心皮相互连接成一个雌蕊，则称为合生雌蕊。多数被子植物具有这种类型的雌蕊（图 2-4-3）。

图 2-4-3　雌蕊

根据花中雌蕊具备与否，可把花分为以下 3 种。

（1）两性花

两性花是指同时兼有雌、雄蕊的花，如油菜、蚕豆等的花。

（2）单性花

单性花是指仅有雄蕊或雌蕊的花，如构树、南瓜、玉米、桑等的花。只有雌蕊的花称为雌花，只有雄蕊的花称为雄花。如果雌花和雄花着生在同一植物体上，则称为雌雄同株，如玉米、南瓜等的花；如果雌花和雄花分别着生在不同植株上，则称为雌雄异株，如银杏、构树、杨梅等的花；如果在同一植株上既生两性花又生单性花的，则称为杂性同株，如柠果、荔枝、臭椿等的花。

（3）无性花

无性花又称为中性花，是指花中既无雌蕊，也无雄蕊，如向日葵头状花序中的舌状花。

2.4.2 花序

被子植物的花，有的是单独一朵生在茎顶上或叶腋，称为单生花，如玉兰、牡丹、芍药等的花。大多数植物的花，密集或稀疏地按一定排列顺序着生在特殊的总花轴上。许多花在总花轴上有规律的排列方式称为花序。花序的总花柄称花轴或花序轴。花序下部变态的叶称为苞片。根据花序轴的长短、分枝与否、花柄有无、各花开放的顺序，以及其他特殊因素所产生的变异等，花序可分为无限花序和有限花序两大类，常见类型见图 2-4-4。

图 2-4-4 花序的常见类型

1. 无限花序

无限花序的特点：在开花期间花序主轴可以继续向上生长伸长，不断产生苞片和花芽，个花的开放顺序是花轴基部的花先开，然后向上方顺序依次开放。花序轴短缩，个花密集成一平面或球面时，开花顺序是先从边缘开始，然后向中央依次开放。

（1）总状花序

总状花序的特点：花互生排列在不分枝的花轴上，个花的花柄几乎等长，如紫藤、油菜花、一串红、荠菜、玉簪（图 2-4-5）的花序。

（2）穗状花序

穗状花序的特点：花序轴直立，较长，其上着生许多无柄的两性花，如车前、马鞭草等的花序。

（3）肉穗花序

肉穗花序的特点：结构与穗状花序相似，但花序轴膨大，肉质化，其上生多数无柄的单性花，有的肉穗花序外面包有一片大型苞片，称为佛焰苞，这类花序又称佛焰花序，如马蹄莲、香蒲、棕竹等的花序。

（4）柔荑花序

柔荑花序的特点：花序轴上着生许多无柄或具短柄的单性花，通常雌花序轴直立，雄花序轴下垂，开花后，整个花序一起脱落，如杨树（图 2-4-6）、柳树等的花序。

图 2-4-5　玉簪——总状花序

图 2-4-6　杨树——柔荑花序

（5）伞房花序

伞房花序的特点：花序轴较短，着生在花轴上的花，花柄不等长，基部的花柄较长，向上渐短，各花排列在近乎同一个平面上，如梨、苹果、山楂（图 2-4-7）等的花序。

（6）伞形花序

伞形花序的特点：花序轴进一步缩短，各花自花轴顶端生出，花柄几乎等长，整个花序的形似开张的伞，如常春藤、葱、人参等的花序。

（7）头状花序

头状花序的特点：花轴极度缩短成球形或盘形，上面密生许多近无柄或无柄的花，花序外层的苞片常聚生成总苞，生于花序基部，如菊（图 2-4-8）、向日葵、千日红等的花序。

图 2-4-7　山楂——伞房花序

图 2-4-8　菊科植物——头状花序

（8）隐头花序

隐头花序的特点：花轴肉质，特别肥大并凹陷成囊状，很多无柄单性花隐生于囊体的内壁上，雄花位于上部，雌花位于下部。整个花序仅囊体前端留一小孔，可容昆虫进出进行传粉，如无花果（图 2-4-9）、薜荔等的花序。

图 2-4-9 无花果——隐头花序

因为以上所列各种花序的花轴都不分枝，所以它们是简单花序。另有一些无限花序的花轴具分枝，每一分枝上又呈现上述的一种花序，这类花序称为复合花序。常见的复合花序有圆锥花序、复伞形花序、复伞房花序和复穗状花序。

（9）圆锥花序

圆锥花序又称复总状花序，其特点：花序轴的分枝呈总状排列，每一个分枝相当于一个总状花序，如南天竹、女贞的花序。

图 2-4-10 日本绣线菊——复伞房花序

（10）复伞形花序

复伞形花序的特点：花轴顶端分出伞形分枝，各分枝之顶，再生一伞形花序，如胡萝卜的花序。

（11）复伞房花序

复伞房花序的特点：伞房花序的每一个分枝再形成一伞房花序，如火棘、日本绣线菊（图 2-4-10）、石楠的花序。

（12）复穗状花序

复穗状花序的特点：花序轴上依穗状式着生分枝，每一个分枝相当于一个穗状花序，如小麦的花序。

2. 有限花序

有限花序的特点与无限花序相反。花轴顶端因顶花的开放而限制了花轴的继续生长。各花的开放顺序是由上而下、由内向外。常见有限花序有以下类型。

（1）单歧聚伞花序

花轴顶端形成一花之后，在顶花的下面的苞片腋中仅形成一侧枝，同样在枝端生花，侧枝上又分枝着生花朵如前，所以整个花序是一个合轴分枝。分枝时，分枝成左、右间隔生出，而分枝与花不在同一平面上，这种聚伞花序称为蝎尾状聚伞花序，如唐菖蒲的花序（图 2-4-11）。如果分出的侧枝都向着一个方向生长，则称为螺旋状聚伞花序，如小萱兰、勿忘草的花序。

（2）二歧聚伞花序

花轴顶端形成顶花后即停止生长，在其下同时发出两条等长的侧轴，侧轴顶端又生顶花，以此类推，如石竹、大叶黄杨的花序。

（3）多歧聚伞花序

多歧聚伞花序与二歧聚伞花序相似，不同的是在

（a）蝎尾状聚伞花序

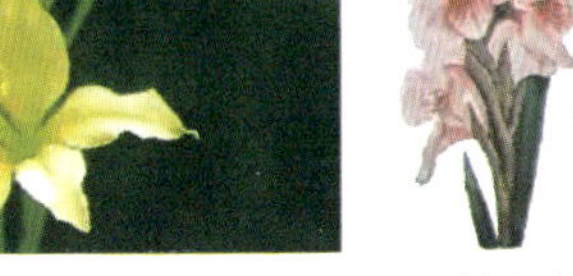
（b）单歧聚伞花序

图 2-4-11 唐菖蒲的花序

主轴顶花下发出数个侧枝，侧枝上各着生一朵顶花，如此连续数次分枝，如泽漆、益母草等的花序。泽漆短梗花密集，称为密伞花序；益母草花无梗，数层对生，称为轮伞花序。

被子植物的花序形态一般虽作上述分类，但在自然界中花序的类型比较复杂，有些植物是有限花序和无限花序混生，如主轴为无限花序，侧轴为有限花序，七叶树的聚伞圆锥花序就属于此种类型。有的外形是无限花序，开花次序却具有有限花序的特点。例如，葱的花序呈伞形，苹果的花序呈伞房形，但它们又兼具有限花序的顶花先开的特点。

2.4.3 花的观赏

植物的花朵形状各异，大小有别，色彩鲜艳，芬芳香味，各种类型的花序，形成不同的观赏效果。玉兰一树千花，亭亭玉立；荷花高洁丽质，雅而不俗，香而不浓；梅花姿容、色彩、香味三者兼有，“一树独先天下春”；牡丹盛春怒放，朵大色艳，气势豪放；夏榴红似火，金桂仲秋黄；隆冬山茶吐艳，蜡梅飘香；六月雪，那繁密的小白花给人以玲珑清雅的感觉，像一幅恬静自然的图画；花丝金黄，雄蕊长长地伸出花冠之外的金丝桃，独具一格；朵朵红花垂于枝叶间的拱手吊兰，好似古典的宫灯；具有白色巨苞的珙桐花，宛若群鸽栖止枝；珍珠梅、八仙花等，排成庞大的花序，也具有大花种类的美感。

视频：花的基础赏析知识

花的观赏效果还与其花在树上的分布、叶簇的陪衬等有密切关系。有的先叶开花植物，在开花时，叶片尚未展开，全树只见花不见叶，花感强烈，如梅花、白玉兰、贴梗海棠等；有的展叶后才开花的植物，全树花叶相衬，有丽而不艳、秀而不媚之效，如山茶花、石榴、牡丹等。

一些花形奇特的种类，鹤望兰、兜兰、飘带兰等，极具吸引力。还有些花散发浓浓香味，如木香、月季、桂花、白兰花、含笑、夜合欢、米兰、茉莉花、柑橘等，可以设计为芳香园。此外，花朵的色彩变化极多。现将常见观花植物的花色列举如下。

1. 红色系

红色系观花植物有海棠、贴梗海棠、桃花、杏、梅、樱花、榆叶梅、蔷薇、玫瑰、月季、石榴、牡丹、山茶、杜鹃、夹竹桃、紫薇、紫荆、刺桐、扶桑等。

2. 黄色系

黄色系观花植物有迎春花、金钟花、连翘、云南黄馨、金丝桃、金丝梅、蜡梅、黄花夹竹桃、金莲花、孔雀草等。

3. 紫蓝色系

紫蓝色系观花植物有紫藤、紫丁香、紫玉兰、木槿、泡桐、醉鱼草、蓝雪花、紫罗兰、风信子等。

4. 白色系

白色系观花植物有白玉兰、茉莉花、栀子花、白丁香、溲疏、山梅花、白碧桃、白花

夹竹桃、银薇、葱莲、白山茶等。

5. 复色系

复色系观花植物有西府海棠、八仙花、木芙蓉、酒金碧桃等。

2.5 植物的果实和种子

2.5.1 果实的形成和结构

被子植物经开花传粉和受精后，花的各部分发生显著变化。通常花瓣凋谢，花萼枯落（少数植物的花萼宿存），雄蕊和雌蕊的柱头和花柱也都枯萎，仅子房连同其中的胚珠生长膨大，发育形成果实。一般情况下，植物的果实仅由子房发育形成，这种果实称为真果，如桃、杏等。有些植物的果实，除子房外，还有花的其他部分（如花托、花被等）参与发育，和子房一起形成果实，这种果实称为假果，如梨、苹果等。果实包括种子和果皮两部分，果皮的构造可分外果皮、中果皮、内果皮 3 层。植物种类不同，果皮的结构、色泽、质地及各层发育的程度也不同，有时 3 层不易区分。

2.5.2 果实的类型

视频：果实的类型

果实的类型见图 2-5-1。

图 2-5-1 果实的类型

1. 聚合果

由一朵花中的许多离生单雌蕊聚集在花托上，并与花托共同发育成果实，这种果实叫聚合果，如草莓（图 2-5-2）、莲、八角、芍药、白玉兰等的果实。

2. 聚花果

一些植物的果实是由整个花序发育而成的，称为聚花果，也称为复果。例如，桑椹来源于一个雌花序，凤梨的果实由多花聚生在肉质花轴上发育而成，无花果的肉质花轴内陷成囊状，囊的内壁上着生许多小坚果（图 2-5-3）。

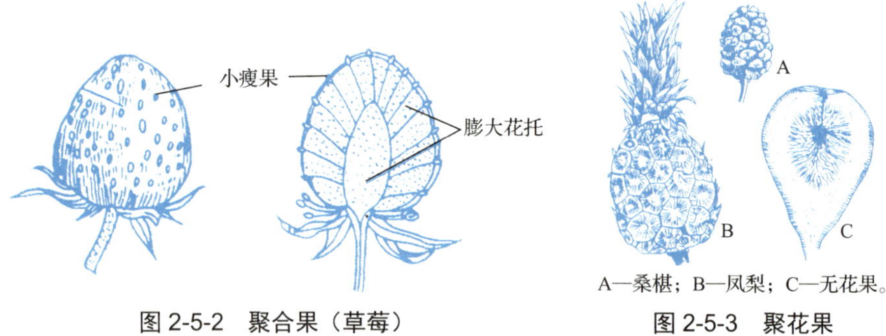

图 2-5-2　聚合果（草莓）

A—桑椹；B—凤梨；C—无花果。

图 2-5-3　聚花果

3. 单果

多数植物由一朵花中的一个单雌蕊或复雌蕊参与形成的果实叫单果。单果分为肉果和干果两类。

（1）肉果

肉果的果皮肉质化，肥厚多汁，可分为以下几种类型。

浆果：外果皮薄，中果皮、内果皮均肉质化，充满汁液，内含一粒或多数种子，如柿子、葡萄、番茄等。

核果：外果皮薄，中果皮肉质，内果皮形成坚硬的壳，包在种子的外面，所以称为核果，如桃（图 2-5-4）、梅、杏、李等。

梨果：花托强烈膨大和肉质化并与果皮愈合，外果皮、中果皮肉质化而无明显界限，内果皮革质，如梨、苹果（图 2-5-5）。

图 2-5-4　核果（桃）

图 2-5-5　梨果（苹果）

柑果：外果皮和中果皮无明显分界，或中果皮较疏软，并有很多维管束，中间隔成瓣的是内果皮，向内生许多肉质多浆的肉囊，是食用的主要部分，如柑橘（图 2-5-6）、柚。

（2）干果

果实成熟时果皮干燥，根据果皮开裂与否可分为裂果类和闭果类。

1）裂果类。常见的有以下几种。

荚果：由单雌蕊发育而成的果实，成熟后果皮沿背缝线和腹缝线两边开裂，如豆科植物的果实。少数豆科植物的荚果不开裂，如槐树、黄檀、皂荚（图 2-5-7）。

图 2-5-6 柑果（柑橘）

图 2-5-7 荚果（皂荚）

蓇葖果：由单雌蕊的子房发育而成，果实成熟时沿被缝线或腹缝线一边开裂，如飞燕草的果实，梧桐和芍药的每一个小果。

角果：由两个心皮的复蕊子房发育而成，具假隔膜，成熟后果皮由上而下两边开裂，如十字花科植物的果实。

蒴果：由复雌蕊构成的果实，成熟时以多种方式（被裂、腹裂、盖裂、孔裂等）开裂，如乌桕、罂粟。

2）闭果类。常见的有以下几种。

瘦果：只含一粒种子，果皮种皮分开，如向日葵。

颖果：与瘦果相似，但果皮与种皮愈合，因此常将果实误认为种子，如毛竹、玉米。

坚果：果皮坚硬，内含一粒种子，果皮与种皮分离，有些植物的坚果包藏于总苞内，如板栗、麻栎。

翅果：果皮伸长成翅，如臭椿、榆树、三角槭。

2.5.3 果实的观赏

视频：果的基础赏析知识

许多植物的果实不仅有很高的经济价值，还有观赏意义。选择观赏树种一般要注意形与色两个方面。果实的形状以“奇”“巨”“丰”为准。“奇”是指形状奇异有趣，如佛手的果实形如佛手，槐树的果实好比串珠。“巨”是指单体之果形较大，如柚；或果虽小但聚成果穗较大，如葡萄、女贞等。“丰”是指单果或果穗在树冠上具有浓郁的观赏效果，呈现繁茂丰盛，果实的色彩鲜艳夺目，观赏意义更大。果实按照颜色可分为红色果实和黄色果实两大类，前者如珊瑚树、南天竹、橘、柿、石榴、火棘、枸杞、冬青、枸骨、杨梅、花红、山楂等；后者如香蕉、枇杷、金橘等。选择观赏植物，以果实不易脱落浆汁较少者为好。

技能实训1 校园或公园园林植物的形态特征观察

一、实训目的

观察芽和枝的外部形态，识别茎的分枝类型、叶形及叶序、枝条上的脱落器官；观察、认识被子植物花的外部形态和组成及常见花序的类型和特点；用形态学术语比较不同园林植物的形态特征。

二、实训场所

校园、居民区、广场或城市公园。

三、实训器材

笔、记录表、卷尺、测高器、数码相机等。

四、实训内容和方法

1）教师现场讲解，指导学生观察。

2）学生分组活动，观察植物的枝条外部形态、叶及叶序，花的结构及花序类型，填表记录校园或公园内园林植物的形态特征；拍摄照片。

五、实训作业

以组为单位填写校园内园林植物形态特征观察记录表（表2-实-1）；制作PPT，并进行交流讨论。

表2-实-1 校园内园林植物形态特征观察记录表

观察时间： 观察人：

序号	树木名称	科属	主要形态特征（树形、分枝方式、叶形、花、果实等）	备注

六、考核评估

园林植物形态特征（口试）。

技能实训2　校园或公园园林树木的物候观测

一、实训目的

学会园林树木的物候观测方法；掌握树木的季相变化，为园林树木种植设计、选配树种、形成四季景观提供依据；对园林树木进行物候观测，即对园林树木的生长发育过程进行观测与记载，从而了解本地区的树种与季节的关系，以及一年中树木展叶、开花、结果和落叶休眠等生长发育规律。

二、实训场所

校园或公园。

三、实训器材

笔、记录表、卷尺、测高器、数码相机等。

四、实训内容和方法

1）教师现场讲解，指导学生观察。

2）学生分组活动，观测地点的选定必须具备代表性；观测目标和地点选定后，应做好标记，并绘制平面位置图存档。应靠近植物观察各发育期，物候观测应随看随记。

3）方法。

① 观测目标的选定：在本地露地栽培或野生（盆栽不宜选用）树木中，选生长发育正常并已开花结实3年以上的树木。对于雌雄异株的树木，最好同时选择雌株和雄株，并在记录中注明雌、雄。观测植株选定后，应做好标记，并绘制平面位置图存档。

② 观测时间与方法：一般3～5天进行一次。展叶期、开花期、秋叶变色期及落果期要每天进行观测，时间在每日14:00～15:00。冬季休眠期可停止观测。

③ 观测部位的选定：应选向阳面的枝条或中上部枝（因物候表现较早）。高树项目不易看清，宜用望远镜或用高枝剪剪下小枝观察。观测时应靠近植株观察各发育期，不可远站粗略估计进行判断。

4）观测内容。园林树木物候期包括休眠期和生长期。观测的内容应该包括根系生长周期、树液流动开始期、萌芽期、展叶期、开花期、结果期、新梢生长期、秋叶变色期、落叶期等。

① 根系生长周期：利用根窖或根箱，每周观测新根数量和生长长度。

② 树液流动开始期：以新伤口出现水滴状分泌液为准。有些树种可通过折枝观测，如核桃、葡萄（在覆土防寒地区一般不易观察到）等树种。

③ 萌芽期：树木由休眠转入生长的标志。

芽膨大始期：具鳞芽者，当芽鳞开始分离，侧面显露出浅色的线形或角形时（具裸芽者如枫杨、山核桃等）。不同树种的芽膨大特征有所不同，应区别对待。

芽开放期或显蕾期（花蕾或花序出现期）：当树木鳞芽的鳞片裂开，芽顶部出现新鲜颜色的幼叶或花蕾顶部时。

④ 展叶期。

展叶始期：从芽苞中伸出的卷须或按叶脉折叠着的小叶，出现第一批有 1～2 片平展时。针叶树以幼叶从叶鞘中开始出现时为准，具复叶的树木以其中 1～2 片小叶平展时为准。

展叶盛期：阔叶树以其半数枝条上的小叶完全平展时为准，针叶树类以新针叶长度达老针叶长度 1/2 时为准。

春色叶变绿期：当所观测树木的叶子在春季开始变色，说明进入春色叶变绿期。

有些树种开始展叶后，就很快完全展开，可以不计展叶盛期。

⑤ 开花期。

开花始期：一半以上植株有 5%的（只有一株亦按此标准）花瓣完全展开时。

盛花期：在观测树上有一半以上的花蕾都展开成花瓣或一半以上的柔荑花序松散下垂或散粉时。针叶树可不计盛花期。

开花末期：在观测树上残留约 5%的花瓣时。针叶树类和其他风媒树木以散粉终止时或柔荑花序脱落时为准。

二次开花期：有些一年一次于春季开花的树木，在有些年份于夏季间或初冬再度开花。即使未选定为观测对象，也应另行记录，并分析再次开花的原因。内容包括：a.树种名称，是个别植株还是多数植株及大约比例；b.再度开花日期、繁茂和花器完善程度、花期长短；c.分析开花原因、调查，如与未再开花的同种树比较树龄、树势情况，生态环境上有何不同，当年春温、干旱、秋冬温度情况，树体枝叶是否(因冰雹、病虫害等)损伤，以及养护管理情况并记录；d.再度开花树能否再次结实及数量，能否成熟等。

⑥ 结果期。果实生长发育和落果期自坐果至果实或种子成熟脱落止。

幼果出现期：子房开始膨大（苹果、梨果直径为 0.8 厘米左右）时。

果实成长期：选定幼果，每周测量其纵、横径或体积，直到采收或成熟脱落为止。

果实或种子成熟期：当观测树上有一半的果实或种子变为成熟色时。

脱落期：成熟种子开始散布或连同果实脱落，如松属的种子散布，柏属果落，杨属、柳属飞絮，榆钱飘飞，栎属种脱，豆科有些荚果开裂等。

果实观赏期：从树体上的果实呈现出观赏价值到大部分果实脱落为止。

⑦ 新梢生长期。新梢生长期自叶芽萌动开始，至枝条停止生长为止。新梢的生长分一次梢（习称春梢）、二次梢（习称秋梢）。

春梢开始生长期：选定的主枝一年生延长枝上顶部营养芽（叶芽）开放。

春梢停止生长期：春梢顶部芽停止生长。

秋梢开始生长期：当年秋梢上腋芽开放。

秋梢停止生长期：当年秋梢上腋芽停止生长。

⑧ 秋叶变色期。秋叶变色期是指由于正常季节变化，树木出现变色叶，其颜色不再消失，并且新变色的叶不断增多到全部叶变色的时期。不能与因夏季干旱或其他原因引起的叶变色混同。常绿树多无叶变色期。

秋叶开始变色期：全株有 5%的叶变色。

秋叶全部变色期：全株叶片完全变色。

秋色叶观赏期：以树体上有 30%～50%的叶片呈现秋色叶，有一定观赏效果开始，至树体上还残留 30%的秋色叶时为止。

⑨ 落叶期。

落叶始期：约有 5%叶片脱落。

落叶盛期：全株有 30%～50%叶片脱落。

落叶末期：全株叶片脱落达 90%～95%。

五、实训作业

以组为单位填写园林树木物候期观测记录表（表 2-实-2）。

表 2-实-2　园林树木物候期观测记录表

观测地点：　　　　地理位置：北纬　　　　东经　　　　海拔

生境：　　地形：　　坡向：　　坡度：　　土壤种类：　　伴生植物养护情况：

编号	树种	根系生命周期	树液流动开始期	萌芽期		展叶期			开花期					结果期					新梢生长期					秋叶变色期			落叶期			备注
				芽膨大始期	芽开放期或显蕾期	展叶始期	展叶盛期	春色叶变绿期	开花始期	盛花期	开花末期	最佳观光起止期	二次开花期	幼果出现期	果实成长期	果实或种子成熟期	脱落期	果实观赏期	春梢开始生长期	春梢停止生长期	秋梢开始生长期	秋梢停止生长期	多次抽梢情况	秋叶开始变色期	秋叶全部变色期	秋色叶观赏期	落叶始期	落叶盛期	落叶末期	

观测者：　　　　记录者：　　　　观测时间：　　年　　月　　日

六、考核评估

提交调查报告。

技能实训 3　校园或公园园林树木的冬态识别

一、实训目的

通过对一些树种的冬态观察，掌握树木的冬态特征和主要的形态术语，以达到能在冬季鉴定、识别园林树木的目的。

二、实训场所

校园或公园。

三、实训器材

笔、记录表、卷尺、测高器、数码相机等。

四、实训内容和方法

1）教师现场讲解，指导学生观察。

2）园林树木的冬态是指树木入冬落叶后营养器官所保留的可以反映和鉴定某种树种的形态特征。在树种的识别和鉴定中，叶、花和果实是重要的形态。许多树种到冬天要落叶，树形、树干、树皮、叶痕、叶迹、皮孔、枝髓、芽枝干附属物等冬态特征成为主要的识别依据。学生分组活动，观察校园或公园内园林树木冬态，并记录过程，基本掌握园林树木冬态识别的方法，对照植物检索表进一步识别常见园林树木。拍摄照片。

五、实训作业

以组为单位填写常见园林树木冬态特征记录表（表 2-实-3）；制作 PPT，并进行交流讨论。

表 2-实-3　常见园林树木冬态特征记录表

观察时间：　　　　　　　　　　　　　　　　　　　　　　　　　　观察人：

序号	树木名称	科属	树形	冠形	枝干形	分枝方式	树皮	冬芽	叶迹	叶痕	枝髓	附属物	备注

六、考核评估

提交调查报告。

思考与练习

1. 名词解释

直根系　须根系　根瘤　菌根　顶芽　腋芽　鳞芽　裸芽　叶脉　叶序　单叶　复叶　完全花　花被　花萼　雄蕊群　雌蕊群　花序　真果　假果

2. 填空题

1）植物的叶由________、________和________3 个部分组成；3 个部分俱全者称为________，如________；缺少其中一部分或两部分的叶称为________，如________。

2）一般情况下，植物的________发育成种子，________发育成果实。

3）果皮由________发育而来，可分为________、________、________3 层。

4）植物的营养器官是指________、________、________，繁殖器官是指________、________、________。

5）决定花冠色彩的为________和________。

6）花萼由萼片组成，萼片完全分离的称为________，萼片合生的称为________。花萼通常开花后脱落，但也有果熟后仍存在的称为________。

7）花瓣分离的花称为________，如________；花瓣合生的花称为________，如________。

8）子房着生在花托上，根据子房与花托连生的情况分为________、________、________。

9）单纯由子房发育成的果实称为________，除子房外花的其他部分也参与了果实的形成的果实称为________，由整个花序发育形成的果实称为________。

3. 简答题

1）画出根尖4个部分的示意图并简述各部分的生理功能。
2）画出全缘、锯齿、波状、浅裂、掌状的叶缘示意图。
3）画出复叶类型并画出三出复叶、奇数羽状复叶、偶数羽状复叶、掌状复叶的示意图。
4）简述植物的花的构造部分并画出示意图。
5）简述雄蕊、雌蕊的组成部分并列举雄蕊类型。
6）花冠的形状有哪些？请举例说明。

4. 论述题

1）试述花序类型并举例说明。
2）试述果实的类型并举例说明。

学习笔记

园林植物应用形式

◎ 单元导读

园林植物应用形式包括孤植、对植、列植、丛植、群植、林植、绿篱等。不同的应用方式需要根据园林植物的形态、色彩，以及生物学和生态学特性进行选择。根据植物的功能和观赏价值，园林中的植物可以成点、线、面的形式应用于景观，起到美化、烘托、提升景观效果的作用。不同种植形式对植物的特点、选择和设计有不同要求。

◎ 学习目标

知识目标

1. 理解孤植、对植、列植、丛植、群植、林植、绿篱等概念。
2. 掌握园林中植物应用形式的选择和设计方法。

能力目标

1. 能根据景观设计要求，选择合适的园林植物应用形式。
2. 能根据功能和观赏价值选择适合的植物种类。

素养目标

1. 坚持理论联系实际的工作作风，因地制宜地进行组合和搭配设计。
2. 践行以人为本的园林设计理念，传承和发扬我国优秀园林文化。

3.1 孤　植

3.1.1 孤植的概念及作用

孤植是指单株配植的孤立树的栽植。作为园林绿地空间的主景，遮阴树、目标树应表现单株树的形体美。选择适当，配植得体，能起到画龙点睛的作用。孤植不是孤立存在的，它总是和周围环境相融合，形成统一的整体（图 3-1-1）。

图 3-1-1　孤植

3.1.2 孤植树的选择

在形态特征上，应选择那些体形高大、姿态优美的树种。在外观上，应选择观赏价值较高的树种。根据生长习性，因地制宜选择适生、健壮、病虫害少的树种，宜多选择当地乡土树种及经过引种驯化的外地品种。

孤植树的主要品种有雪松、云杉、桧柏、苏铁、罗汉松、龙爪槐、白皮松、白桦、枫香、五角槭、乌桕、银杏、樱花、紫薇、梅、白玉兰、丁香、桂花。

3.1.3 孤植树的种植位置

孤植树的种植位置应选择比较开旷的地方，不仅要求保证树冠有足够的生长空间，还要求有比较合适的观赏视距的观赏点。最好还要有如天空、水面、草地等景物环境作背景衬托，以突出孤植树的形体、姿态、色彩等观赏特性。

例如，岛屿、桥头、园路尽头或转角处，假山悬崖、岩石洞口，都可种植孤植树，避免使其处在小环境的正中央，一般较适合将其安置在构图的自然重心上。

3.2 对　植

3.2.1 对植的概念及作用

对植是指两株或两丛树分别按一定的轴线左右对称或均衡的栽植。树木对植可起到烘托主景的作用；或形成配景、夹景，以增强透视的纵深感（图 3-2-1）。

3.2.2　对植树的选择

图 3-2-1　对植

自然式绿地，树姿的动势要向轴线集中，使左右均衡富于变化，又相互呼应，对植树附近可配些山石、花草等。

3.2.3　对植树的种植位置

公园、大型建筑的出入口两旁或纪念物蹬道石级、桥头两旁，规则式绿地，要求树种和规格相一致，两树的位置连线应与中轴线垂直，又被中轴线平分。

3.3　列　植

列植是指乔灌木按一定的株行距成排成行的栽植，或在行内株距有变化的栽植。列植形成的景观比较单纯、整齐、气势大（图 3-3-1）。

图 3-3-1　列植

3.4　丛　植

3.4.1　丛植的概念及作用

丛植是指按一定的构图方式把一定数量的观赏乔木、灌木自然地组合在一起。树丛通常是由二株到十几株同种或异种乔木或乔灌木自然栽植在一起而成的种植型。树丛的组合主要考虑群体美。丛植以反映树木组成的群体美的综合形象为主，以主、次、配的关系相互配比、相互衬托。

3.4.2　树丛的应用

1）作为园林主景。

2）作为建筑的配景和背景。

3）作为引导路线。

3.4.3 树丛的设计

1. 树种比例

由一种树种形成的树丛称为纯林；由两种以上的树种形成的树丛称为混交林。在一组混交树丛中，树种不宜过多，形态的差异不能悬殊，应有一种或几种基调树种作为这组树丛的主体部分，其他树种作为从属、变化部分。

2. 树丛的组合

常绿树组合（稳定树丛）具有稳定性，但缺乏变化；落叶树种组合（不稳定树丛）一年四季变化显著，季节性明显，但容易形成偏枯现象；常绿、落叶组合（半稳定树丛）相对稳定，在稳定中变化，广泛应用于配植中。

3.4.4 树丛的种植方式

规则式种植的树丛——完全对称和辐射对称的形式。

自然式种植的树丛——以不等边三角形为基本形式，切忌成排成行。

栽植时一般中间高、周围低（单面观赏，后高前低）；混交林应以常绿大乔木为主，以落叶树作陪衬。

1. 二株配合

在构图上，二树必须既有调和又有对比。正如明朝画家龚贤所说：“有株一丛，必一俯一仰，一倚一直，一向左一向右……”二株树的距离要近，两树之间的距离不要大于树冠半径之和（图 3-4-1）。

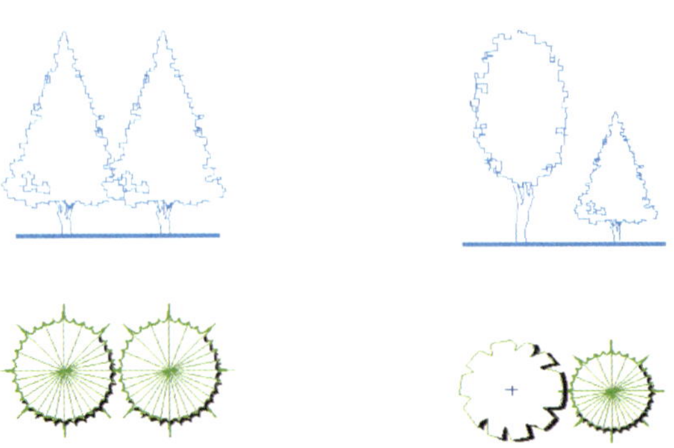

（a）体形姿态相同，形成效果呆板　（b）体形姿态差异大，形成效果不协调

图 3-4-1　二株配合

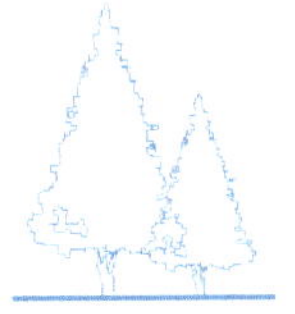

（c）体量不同，配合和谐

（d）树种不同，但动势和谐

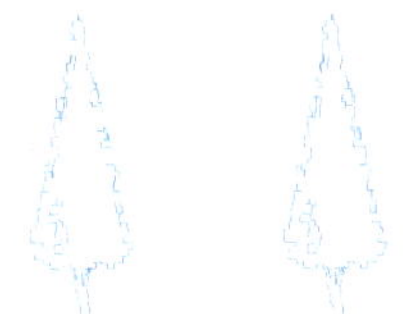

（e）两株相距大于树冠冠径，形成独立、单独的效果

（f）两株靠近，形成整体

图 3-4-1（续）

2. 三株配植

三株配植时，如果是两个不同的树种，最好同为常绿树或落叶树，同为乔木或灌木；只能用两个不同树种，忌用 3 种不同树种；树木的大小、姿态都要有对比和差异，忌在一条直线上，也忌呈等边三角形。三株树中最大的一株和最小的一株要靠近，中间大小的一株远离一些成为一组，两组彼此有所呼应，形成不等边三角形（图 3-4-2）。

微课：三株树丛的配植

采用两种树种，最好选择树形类似的树种，如水杉与池杉、落羽杉，石榴与红叶李，茶花与桂花，桃花与樱花等。

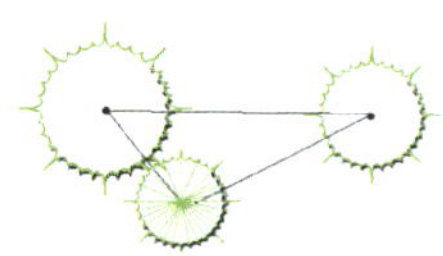

图 3-4-2　三株配植

3. 四株配植

四株配植仍然采取姿态、大小不同的同种植物为好，分为两组，平面有两个类型，一个为不等边四边形，另一个为不等边三角形，成 3∶1 组合，而四株中最大的一株必须在三角形的一组内，四株配植不能有任何三株呈直线排列，单独一株不能离三株太远。此外，四株配植不能以 2∶2 进行组合（图 3-4-3）。

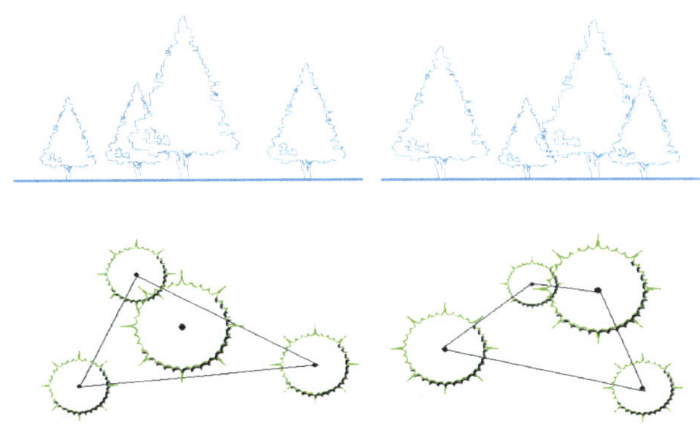

图 3-4-3　四株配植

4. 五株及以上配植

孤植树与二株配合是基本单元，三株是二株与一株的组合，四株是三株与一株的组合，五株是三株与二株或四株与一株的组合。一般来讲，七株以下树种不宜超过 3 种，十五株以下树种不超过 5 种（图 3-4-4）。

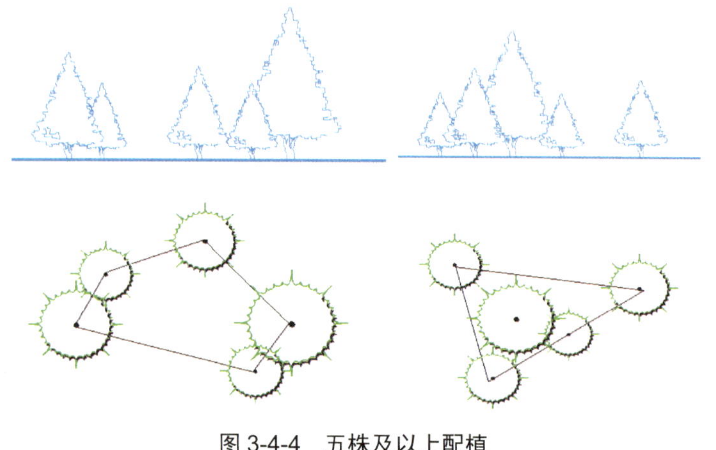

图 3-4-4　五株及以上配植

微课：五株树丛的配植

微课：六株以上树丛的配植

3.5　群　　植

群植是指数量较多的乔木、灌木、草本配植在一起，形成一个整体。树群表现植物组合的群落美，供观赏其整体的林冠线变化、群落的层次、树形的搭配、色彩的变化等。完整的混交林树群一般分为 5 层（图 3-5-1）。

1）乔木层，是林冠线的主体，要求有起伏变化。

2）亚乔木层，要求叶形、叶色有一定的观赏效果，与乔木层在颜色上形成对比。

3）灌木层，一般布置在接近游人的向阳处，以花灌木为主。

4）地被植物层，主要以多年生宿根花卉为主。

5）草皮层，作为衬底，并保持一定的观赏视距。

图 3-5-1　群植

3.6　林　　植

3.6.1　林植的概念

微课：乔灌木平面图表现的形式及注意事项

凡成片或成块大量栽植的乔灌木，构成一定规模森林景观的种植形式称为林植。风景林是公园内较大规模成片的树林，是由单种植物或多种植物组成的一个完整的人工群落。

3.6.2　林植的类型

1. 根据郁闭度分类

根据郁闭度，树林可分为密林和疏林两种，密林的郁闭度达70%～100%，疏林的郁闭度达40%～70%。

2. 根据配植方式分类

根据配植方式，树林可分为纯林和混交林。一般来讲，纯林景观单调、平淡，但树种相同，生长速度一致，整齐纯粹。混交林树种多变，林冠起伏，色彩丰富，景观富于变化。

3. 根据功能分类

根据功能，树林可分为防护林和风景林，防护林一般选用纯林的形式，风景林一般选用混交林的形式。

3.7　绿　　篱

3.7.1　绿篱的概念

绿篱是由耐修剪的灌木以相等距离的株行距单排或双排种植构成的绿化带（图3-7-1）。

图3-7-1　绿篱

3.7.2　绿篱的类型

绿篱根据修剪方式可分为规则式绿篱和自然式绿篱，根据高度可分为高绿篱（1.2米以上）、中绿篱（0.5～1.2 米）、矮绿篱（0.5 米以下），根据观赏价值可分为常绿绿篱、花篱、果篱。以下具体介绍根据观赏价值的分类。

1. 常绿绿篱

常绿绿篱由常绿灌木或小乔木组成，一般常修剪成规则式绿篱（图 3-7-2）。常用树种为珊瑚、大叶黄杨、冬青、小叶女贞、海桐、蚊母、龙柏、石楠等。

图 3-7-2　绿篱

2. 花篱

花篱由开花灌木组成，一般任其自然生长，不修剪成规则式绿篱（图 3-7-3）。常用树种为金丝桃、栀子、迎春、黄馨、六月雪、红花檵木、杜鹃等。

3. 果篱

果篱由果实鲜艳及有观赏价值的灌木组成，秋季结果，景观别具一格（图 3-7-4）。

图 3-7-3　花篱

图 3-7-4　果篱

3.7.3　绿篱在园林绿地中的应用

1. 起防护、防范作用

园林中常以绿篱作为防范的边界，如用刺篱、高篱或绿篱内加铁丝来防范。绿篱也可以引导游人的游览路线选择，按照所指的范围参观游览。不希望游人通过的地方可用绿篱围起来。

2. 分隔空间和屏蔽视线

园林中常用绿篱或绿墙进行分区和屏障视线，分隔具有不同功能的空间。例如，把儿童游戏场、露天剧场、运动场与安静休息区分隔开来，减少相互干扰。这种绿墙最好用常绿树组成高于视线的绿墙。在自然式布局中，有局部规则式的空间，也可用绿墙隔离，使强烈对比、风格不同的布局形式得到缓和。

3. 修剪成模纹式图案，作为规则式园林的装饰性材料

矮绿篱常修剪成模纹式图案，多用于小庭院，也可用于在大的园林空间中组字或构成图案。矮绿篱高度通常在 0.4 米以内，由矮小的植物带构成，游人视线可越过绿篱俯视园林中的花草景物。矮绿篱有永久性和临时性两种不同设置，植物材料有木本和草本多种。造篱材料常用的有月季、黄杨、六月雪、千头柏、万年青、彩色草、紫叶小檗、茉莉、杜鹃等。另外，还应选用枝叶浓密、耐修剪、生长缓慢、萌芽力强、发枝力强、耐阴力强、病虫害少的种类。

4. 作为喷泉、雕塑、花境的背景

园林中常用常绿树修剪成各种形式的绿墙，作为喷泉和雕像的背景，其高度一般要与喷泉和雕像的高度相称，色彩以选用没有反光的暗绿色树种为宜。作为花境背景的绿篱，一般为常绿的高篱及中篱。

3.7.4 绿篱的种植形式与修剪要求

一般规则式绿篱修剪形状为矩形或梯形，切忌修剪成倒梯形。

3.8 垂直绿化和屋顶花园设计

垂直绿化是使用攀缘植物在墙面、阳台、花棚架、庭廊、石坡、岩壁等处进行绿化的方式。

3.8.1 住宅或公共建筑物的攀缘植物种植

根据攀缘植物的习性，攀缘形式有以下几种情况。

1）直接贴附墙面的，如地锦等。

2）借助支架攀缘的，如葡萄、常春藤等。

3）要引绳牵引的，如牵牛花、茑萝、瓜、豆等。

3.8.2 独立布置的攀缘植物

独立布置的攀缘植物常利用棚架、花架做成半露天的蔽阴设施，有时也作为局部空间构图的焦点。棚架、花架植物种植，一般采用同种树种，一株或数株植于棚架周围，也可

以采用形态类似的几种植物，如将蔷薇科各种攀缘植物种在一起。除棚架、花架外，篱栅、板墙、圈门等也可以用攀缘植物进行装饰。

3.8.3 土坡、假山攀缘植物的种植

当土坡的斜面角度超过允许的斜角时，便会产生不稳定和冲刷现象，在这种情况下，用根系庞大、牢固的攀缘植物来覆盖，既可稳定土壤，又可使土坡有丰润的外貌。如斜坡较高，须分成若干水平条进行种植。

技能实训1 行道树的选择和应用

一、实训目的

能根据园林绿化设计的不同要求正确选择行道树；正确识别行道树的种类，调查附近绿地的行道树，能简单进行行道树的选择与设计。

二、实训场所

校园、居民区、广场及城市公园。

三、实训器材

笔、记录表、卷尺、测高器、数码相机、调查绿地自然环境材料、植物检索表、植物志、图鉴等。

四、实训内容和方法

1）教师现场讲解，指导学生识别，介绍调查方法及程序。

2）学生分组活动，调查附近绿地的行道树的种类，包括调查地点的自然环境条件、行道树名录、主要特征、生态习性、观赏特性等。

五、实训作业

以组为单位填写行道树树种调查记录表（表3-实-1）；完成调查报告，并进行交流讨论。

表3-实-1 行道树树种调查记录表

观察时间：　　　　　　　　　　　　观察人：

序号	树木名称	科属	形态特征	最佳观花观果期	园林用途	备注

六、考核评估

提交调查报告。

技能实训2 孤植树的选择和应用

一、实训目的

能根据园林绿化设计的不同要求正确选择孤植树；正确识别孤植树的种类，调查附近绿地的孤植树，能简单进行孤植树的选择与设计。

二、实训场所

校园、居民区、广场及城市公园。

三、实训器材

笔、记录表、卷尺、测高器、数码相机。

四、实训内容和方法

1）教师现场讲解，指导学生识别，介绍调查方法及程序。

2）学生分组活动，调查附近绿地的孤植树的种类，包括调查地点的自然环境条件、孤植树名录、主要特征、生态习性、观赏特性等。

五、实训作业

以组为单位填写孤植树树种调查记录表（表3-实-2）；完成调查报告，并进行交流讨论。

表3-实-2 孤植树树种调查记录表

观察时间： 观察人：

序号	树木名称	科属	形态特征	最佳观花观果期	园林用途	备注

六、考核评估

提交调查报告。

技能实训3 绿篱树的选择和应用

一、实训目的

能根据园林绿化设计的不同要求正确选择绿篱树；正确识别绿篱树的种类，调查附近绿地的绿篱树，能简单进行绿篱树的选择与设计。

二、实训场所

校园、居民区、广场及城市公园。

三、实训器材

笔、记录表、卷尺、测高器、数码相机、调查绿地自然环境材料、植物检索表、植物志、图鉴等。

四、实训内容和方法

1）教师现场讲解，指导学生识别，介绍调查方法及程序。

2）学生分组活动，调查附近绿地的绿篱树种类，包括调查地点的自然环境条件、绿篱树名录、主要特征、生态习性、观赏特性等。

五、实训作业

以组为单位填写绿篱树树种调查记录表（表3-实-3）；完成调查报告，并进行交流讨论。

表3-实-3　绿篱树树种调查记录表

观察时间：　　　　　　　　　　　　　　　　观察人：

序号	树木名称	科属	形态特征	最佳观花观果期	园林用途	备注

六、考核评估

提交调查报告。

技能实训4　垂直绿化树种的选择和应用

一、实训目的

能根据园林绿化设计的不同要求正确选择垂直绿化树种；正确识别垂直绿化树种的种类，调查附近绿地的垂直绿化树种，能简单进行垂直绿化树种的选择与设计。

二、实训场所

校园、居民区、广场及城市公园。

三、实训器材

笔、记录表、卷尺、测高器、数码相机、调查绿地自然环境材料、植物检索表、植物志、图鉴等。

四、实训内容和方法

1）教师现场讲解，指导学生识别，介绍调查方法及程序。

2）学生分组活动，调查附近绿地的垂直绿化树种的种类，包括调查地点的自然环境条件、垂直绿化树种名录、主要特征、生态习性、观赏特性等。

五、实训作业

以组为单位填写垂直绿化树种调查记录表（表3-实-4）；完成调查报告，并进行交流讨论。

表3-实-4　垂直绿化树种调查记录表

观察时间：　　　　　　　　　　　　　　　　　　　　　　观察人：

序号	树木名称	科属	形态特征	最佳观花观果期	园林用途	备注

六、考核评估

提交调查报告。

思考与练习

1. 名词解释

孤植　对植　列植　丛植　群植　绿篱

2. 简答题

1）园林中孤植树如何选择？孤植树适宜种植在哪些位置？

2）简述绿篱的分类及绿篱在园林绿化中的作用。

3. 论述题

试述树丛种植时的构图要点。

学习笔记

第二部分

园林植物的主要种类及其应用

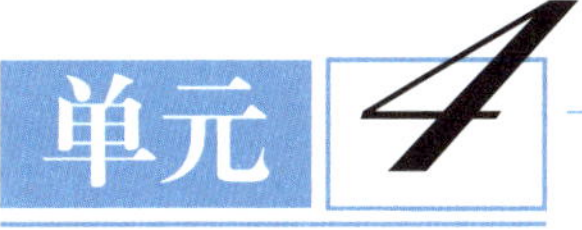

单元4 裸子植物

◎ 单元导读

裸子植物是种子植物的一类，与被子植物相对。裸子植物的种子没有被果肉包裹，而是暴露在空气中，因此得名。裸子植物包括银杏科、松科、柏科、杉科等，常见的有银杏、雪松、侧柏、水杉等。它们对外界环境的适应能力强，是园林中的重要景观植物。

◎ 学习目标

知识目标

1. 了解银杏科、松科、柏科、杉科中常见园林树种的命名和形态特征。
2. 掌握银杏科、松科、柏科、杉科中常见园林树种的生态习性及园林应用。

能力目标

1. 能根据形态特征和命名规范来识别银杏科、松科、柏科、杉科的常见园林树种。
2. 能对银杏科、松科、柏科、杉科的常见园林树种进行配植。

素养目标

1. 了解我国对世界园林的贡献和影响，激发爱国情怀、民族自豪感。
2. 理解我国常见园林树种的精神内涵，弘扬优秀传统文化，增强文化自信。

微课：园林花卉的定义与分类

视频：园林树种的分类

视频：园林树种的选择

视频：园林植物的命名及鉴定方法

目前，世界已知植物大约有50万种，其中种子植物有25万多种。在种子植物中又包括裸子植物和被子植物两大类。裸子植物是种子植物中较原始的类群，有胚珠，但胚珠外面无包被物，约有70属近800种；被子植物是植物界进化最高级、种类最多、分布最广的类群，共1万多属，20多万种，占植物总数的一半，我国有2700多属，约3万种，种子生在果实里面，除了当果实成熟后裂开时，它的种子是不外露的。丰富多彩的植物为园林植物景观的植物造景提供了多种选择。在纷繁复杂的植物世界中，用于园林的种类是有限的。

裸子植物出现于古生代，中生代最为繁盛，后来由于地史的变化，逐渐衰退。现代裸子植物约有800种，隶属5纲（苏铁纲、银杏纲、松柏纲、红豆杉纲和买麻藤纲）9目12科71属。我国有5纲8目11科41属236种及一些变种和栽培种。裸子植物与被子植物（有花植物、显花植物）的区别在于前者的胚珠外面无包被物，是种子植物中较原始的类群，一般认为由前裸子植物演化而来。裸子植物是园林中不可或缺的组成部分，世界五大庭院树种，即雪松、金钱松、日本金松、巨杉、南洋杉，均为裸子植物。

4.1 银 杏 科

银杏科仅1属1种，为我国特产。

视频：银杏科

银杏又名白果，有“活化石”之称。中生代侏罗纪银杏曾广泛分布于北半球，白垩纪晚期开始衰退。第四纪冰川降临，在欧洲、北美和亚洲绝大部分地区灭绝，野生状态的银杏残存于我国浙江西部山区。由于个体稀少，雌雄异株，如果不严格保护和促进天然林更新，则残存林木将被取代。落叶乔木，高达40米；树皮淡灰色，老时纵直深裂。

1. 银杏（图4-1-1）

别名：白果树、公孙树、鸭掌树

学名：*Ginkgo biloba*

图4-1-1　银杏

【科属】银杏科，银杏属。

【形态特征】落叶大乔木，高达40米；幼树树皮浅纵裂，大树之皮呈灰褐色，不规则纵裂，有长枝与生长缓慢的簇状短枝；叶互生，在短枝上3～8枚呈簇生状，有细长的叶柄，扇形，两面淡绿色，无毛，有多数叉状并列细脉；雄球花具短梗，柔荑花序状，雄蕊排列疏松；雌球花具长梗，梗端常分2叉。种子核果状，具长梗，下垂，外种皮肉质，成熟时黄色或橙黄色；中种皮白色，骨质；内种皮膜质，胚乳丰富。3～4月开花，果9～10月成熟。

【生态习性】银杏为银杏科唯一生存的种类，寿命长，我国有树龄3000年以上的古银杏树。初期生长较慢，萌蘖性强，雌株一般20年左右开始结实；适应性强，对气候、土壤的要求都很宽泛，抗烟尘、抗火灾、抗有毒气体，为优

良的抗污染树种。

【园林应用】银杏树高大挺拔，叶似扇形，叶形古雅，寿命绵长。冠大荫状，具有降温作用。无病虫害，不污染环境，树干光洁，是无公害树种。银杏姿态优美，春夏翠绿，深秋金黄。银杏是用于园林绿化、行道、公路、田间林网、防风林带的理想栽培树种（图 4-1-2），被列为我国四大长寿观赏树种（松、柏、槐、银杏）之一。

图 4-1-2　银杏景观

4.2 松　科

松科是裸子植物门种类最多的 1 科，约占全部裸子植物科数的 1/3。

松科有 230 余种，分属于 3 亚科 10 属，多产于北半球。我国有 10 属 113 种 29 变种（其中引种栽培 24 种 2 变种），分布遍于全国，几乎均系高大乔木，绝大多数是森林树种及用材树种，在东北、华北、西北、西南及华南地区高山地带组成广大森林，亦为森林更新、造林的重要树种。有些种类可供采脂、提炼松节油等多种化工原料，有些种类的种子可食或供药用，有些种类可作园林绿化树种。

视频：松科常见园林树种的识别

2. 雪松（图 4-2-1）

别名：香柏

学名：*Cedrus deodara*

【科属】松科，雪松属。

【形态特征】乔木，高达 50 米；树皮深灰色，裂成不规则的鳞状块片；枝平展、微斜展或微下垂，基部宿存芽鳞向外反曲，小枝常下垂；叶在长枝上辐射伸展，短枝之叶呈簇生状，叶针形，坚硬，淡绿色或深绿色，长 2.5～5 厘米，上部较宽，先端锐尖，下部渐窄，常呈三棱形；雄球花长卵圆形，长 2～3 厘米，径约 1 厘米；雌球花卵圆形，长约 8 毫米，径约 5 毫米；球果成熟前淡绿色，微有白粉，熟时红褐色，卵圆形或宽椭圆形，长 7～12 厘米，径 5～9 厘米，顶端圆钝，有短梗。

图 4-2-1　雪松

【生态习性】雪松在气候温和凉润、土层深厚、排水良好的酸性土壤上生长旺盛。喜阳光充足，也稍耐阴，在长江中下游一带生长最好。

【园林应用】雪松是世界著名的庭园观赏树种之一，具有较强的防尘、减噪与杀菌能力，也适宜作工矿企业绿化树种。雪松树体高大，树形优美，适宜孤植于草坪中央、建筑前庭之中心、广场中心或主要建筑物的两旁及园门的入口等处（图 4-2-2）。它的主干下部的大枝自近地面处平展，长年不枯，能形成繁茂雄伟的树冠。此外，雪松列植于园路的两旁，形成甬道，亦极为壮观。

图 4-2-2　雪松景观

3. 油松（图 4-2-3）

别名：短叶松、短叶马尾松、红皮松、东北黑松

学名：*Pinus tabuliformis*

【科属】松科，松属。

【形态特征】乔木，高达 25 米；树皮灰褐色或褐灰色，裂成不规则较厚的鳞状块片；枝平展或向下斜展，老树树冠平顶，小枝较粗，褐黄色；针叶 2 针一束，深绿色，粗硬，长 10～15 厘米，径约 1.5 毫米，边缘有细锯齿，两面具气孔线；雄球花圆柱形，长 1.2～1.8 厘米，在新枝下部聚生成穗状；球果卵形或圆卵形，长 4～9 厘米，有短梗，向下弯垂，成熟前绿色，熟时淡黄色或淡褐黄色，常宿存树上数年之久；花期 4～5 月，球果第二年 10 月成熟。

图 4-2-3　油松

【生态习性】油松喜光、喜干冷气候，在土层深厚、排水良好的酸性、中性或钙质黄土上均能生长良好。

【园林应用】油松树干苍劲挺拔，四季常绿，不畏风雪严寒。油松在行道树上成行种植的株行距：大树成林种植或行道树以 6～8m 为好，中年行道树一般采用 5～6m。在古典园林中作为主要景物，以一株即成一景者极多，至于三五株组成美丽景物者更多。其他作为配景、背景、框景等用者屡见不鲜。在园林配植中，除了适用于独植、丛植、纯林群植，亦宜行混交种植。适用于作油松伴生树种的有元宝槭、栎类、桦木、侧柏等（图 4-2-4）。

图 4-2-4 油松景观

4. 白皮松（图 4-2-5）

别名：白骨松、虎皮松、美人松

学名：*Pinus bungeana*

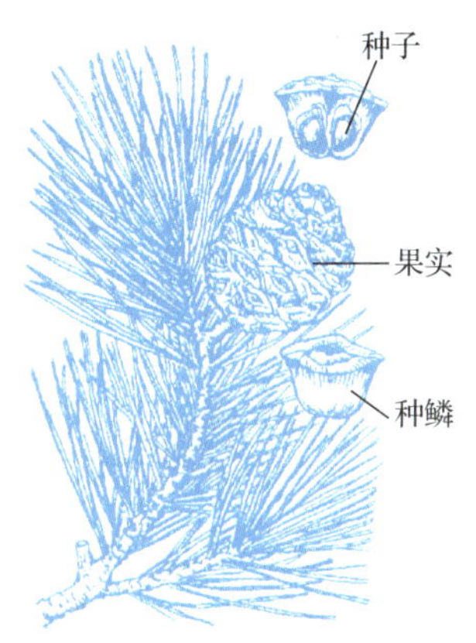

图 4-2-5 白皮松

【科属】松科，松属。

【形态特征】乔木，高达 30 米；有明显的主干，或从树干近基部分成数干；枝较细长，斜展，形成宽塔形至伞形树冠；幼树树皮光滑，灰绿色，长大后树皮成不规则的薄块片脱落，露出淡黄绿色的新皮，老树皮则呈淡褐灰色或灰白色，裂成不规则的鳞状块片脱落，脱落后近光滑，露出粉白色的内皮，白褐相间呈斑鳞状；针叶 3 针一束，粗硬，长 5～10 厘米，径 1.5～2 毫米，叶背及腹面两侧均有气孔线，先端尖，边缘有细锯齿；雄球花卵圆形或椭圆形，长约 1 厘米，多数聚生于新枝基部，呈穗状，长 5～10 厘米；球果通常单生，初直立，后下垂，成熟前淡绿色，熟时淡黄褐色；花期 4～5 月，球果第二年 10～11 月成熟。

【生态习性】白皮松为喜光树种，耐瘠薄土壤及较干冷的气候；在气候温凉、土层深厚、肥润的钙质土和黄土上生长良好，在高温、高湿的条件下生长不良，在排水不良或有积水的地方不能生长；对二氧化硫及烟尘的污染有较强的抗性，生长较缓慢。

【园林应用】白皮松树姿优美，干皮斑驳美观，针叶短粗亮丽。白皮松在园林配植上的用途多，可孤植、对植，也可丛植成林或作行道树，均能获得良好效果。白皮松适于庭院中堂前、亭侧栽植，使苍松奇峰相映成趣，颇为壮观。它是优良的历史园林绿化传统树种（图 4-2-6）。

图 4-2-6 白皮松景观

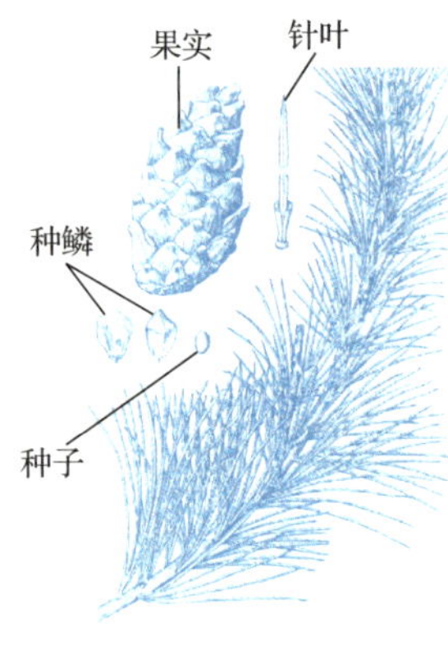

图 4-2-7　华山松

5. 华山松（图 4-2-7）

别名：白松、五须松、果松、青松、五叶松

学名：*Pinus armandii*

【科属】松科，松属。

【形态特征】乔木，高达 35 米；幼树树皮灰绿色或淡灰色，平滑，老则呈灰色，裂成方形或长方形厚块片固着于树干上，或脱落；枝条平展，形成圆锥形或柱状塔形树冠；针叶 5 针一束，稀 6～7 针一束，长 8～15 厘米，径 1～1.5 毫米，边缘具细锯齿，仅腹面两侧各具 4～8 条白色气孔线；雄球花黄色，卵状圆柱形，长约 1.4 厘米；球果圆锥状长卵圆形，长 10～20 厘米，径 5～8 厘米，幼时绿色，成熟时黄色或褐黄色，种鳞张开，种子脱落，果梗长 2～3 厘米；花期 4～5 月，球果第二年 9～10 月成熟。

【生态习性】华山松为阳性树种，但幼苗须受一定庇阴；喜温和凉爽、湿润气候，不耐炎热，在高温季节长的地方生长不良；喜排水良好，能适应多种土壤，最宜种植于深厚、湿润、疏松的中性或微酸性土壤中；不耐盐碱土，耐瘠薄能力不如油松、白皮松。

【园林应用】华山松高大挺拔，树皮灰绿色，冠形优美，姿态奇特，为良好的绿化风景树种和点缀庭院、公园、校园的珍品树种。将华山松植于假山旁、流水边更富有诗情画意。它的针叶苍翠，生长迅速，是优良的庭院绿化树种。华山松在园林中可用作园景树、庭荫树、行道树及林带树，亦可用于丛植、群植，并且是高山风景区的优良风景林树种(图 4-2-8)。

图 4-2-8　华山松景观

油松、白皮松、华山松的形态比较见表 4-2-1。

表 4-2-1　油松、白皮松、华山松的形态比较

树种	形态特征
油松	树皮灰褐色或褐灰色，呈不规则鳞状块片开裂； 叶针形，2 针一束，粗硬，长 10～15 厘米，叶鞘宿存； 球果卵形或卵圆形，熟时淡褐色或淡褐黄色
白皮松	幼树树皮光滑，灰绿色，老树皮淡褐灰色或灰白色，裂成不规则的鳞状块片脱落； 叶针形，3 针一束，粗硬，长 5～10 厘米，边缘有细锯齿； 球果通常单生，初直立，后下垂，熟时淡黄褐色
华山松	幼树树皮灰绿色或淡灰色，老树树皮裂成方形或长方形厚块片固着于树干上，或脱落；枝条平展，形成圆锥形或柱状塔形树冠； 叶针形，5 针一束，长 8～15 厘米，边缘有细锯齿； 球果圆锥状长卵圆形，熟时黄色或黄褐色

6. 白扦云杉（图 4-2-9）

别名：麦氏云杉、毛枝云杉
学名：*Picea meyeri*
【科属】松科，云杉属。

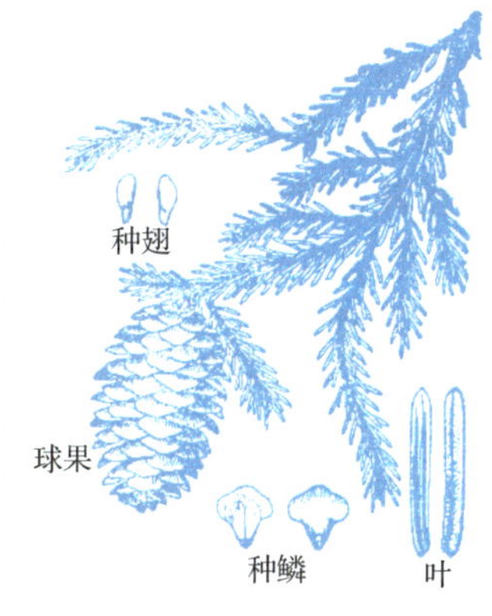

图 4-2-9　白扦云杉

【形态特征】乔木，高达 30 米；树皮灰褐色，裂成不规则的薄块片脱落；大枝近平展，树冠塔形；小枝有密生或疏生短毛或无毛，一年生枝黄褐色，冬芽圆锥形，褐色；主枝之叶常辐射伸展，侧枝上面之叶伸展，两侧及下面之叶向上弯伸，四棱状条形，微弯曲，长 1.3～3 厘米，先端钝尖或钝，横切面四棱形，四面有白色气孔线，上面 6～7 条，下面 4～5 条；球果成熟前绿色，熟时褐黄色，矩圆状圆柱形；种子倒卵圆形，长约 3.5 毫米，种翅淡褐色，倒宽披针形；花期 4 月，球果 9 月下旬至 10 月上旬成熟。

【生态习性】白扦云杉耐阴、耐寒、喜欢凉爽湿润的气候和肥沃深厚、排水良好的微酸性砂质土壤，生长缓慢，属浅根性树种。

【园林应用】白扦云杉为华北地区高山上部主要的乔木树种之一，可作建筑、电杆、桥梁、家具及木纤维工业原料用材，宜作华北地区高山上部的造林树种，亦可栽培作庭园树，北京庭园多有栽培，生长缓慢（图 4-2-10）。

图 4-2-10　白扦云杉景观

7. 青扦云杉（图 4-2-11）

图 4-2-11　青扦云杉

别名：魏氏云杉、细叶云杉
学名：*Picea wilsonii*
【科属】松科，云杉属。

【形态特征】乔木，高达 50 米；树皮灰色或暗灰色，裂成不规则鳞状块片脱落；枝条近平展，树冠塔形；一年生枝淡黄绿色或淡黄灰色，无毛；冬芽卵圆形，淡黄褐色或褐色；叶排列较密，在小枝上部向前伸展，小枝下面之叶向两侧伸展，四棱状条形，直或微弯，较短，通常长 0.8～1.3 厘米，先端尖，横切面四棱形或扁菱形，四面各有气孔线 4～6 条，微具白粉；球果卵状圆柱形或圆柱状长卵圆形，成熟前绿色，熟时黄褐色或淡褐色，长 5~8 厘米；种子倒卵圆形，长 3~4 毫米，种翅淡褐色，倒宽披针形；花期4月，球果10月成熟。

【生态习性】青扦云杉耐阴，喜温凉气候及湿润、深厚而排水良好的微酸性土壤，适应性较强；常成单纯林或与其他针叶树、阔叶树种混生成林；在气候温凉、土壤湿润、深厚、排水良好的微酸性地带生长良好。

【园林应用】青扦云杉属于常绿针叶树种，为我国特有，树姿美观，树冠茂密翠绿，已成为北方地区“四旁”（树旁、屋旁、路旁和水旁）绿化、园林绿化、庭院绿化树种的优先选择，并在黑龙江省引种推广成功，成为园林绿化重要树种（图4-2-12）。

图4-2-12　青扦云杉景观

4.3　柏　　科

柏科约22属，南北半球各产一半，种数仅次于松科，近150种，分布几乎遍及全球。我国产8属约30种，分布几乎遍及全国，部分种类为森林的主要树种或重要的造林树种，或为园林绿化树种。

视频：柏科常见园林树种的识别

8. 侧柏（图4-3-1）

别名：香树、扁柏、香柏、黄柏

学名：*Platycladus orientalis*

【科属】柏科，侧柏属。

【形态特征】乔木，高达20余米；树皮薄，浅灰褐色，纵裂成条片；叶鳞形，先端微钝，叶枝扁平，排成一平面；雄球花黄色，卵圆形，雄球花黄色，卵圆形，长约2毫米；雌球花近球形，径约2毫米，蓝绿色，被白粉；球果近卵圆形，成熟前近肉质，蓝绿色，被白粉，成熟后木质，开裂，红褐色；花期3～4月，球果10月成熟。

图4-3-1　侧柏

【生态习性】侧柏喜光，幼时稍耐阴，适应性强，对土壤要求不严，耐干旱瘠薄，萌芽能力强，耐寒力中等，耐强太阳光照射，耐高温、浅根性，抗烟尘，抗二氧化硫、氯化氢等有害气体。

【园林应用】侧柏可用于行道、亭园、大门两侧、绿地周围、路边花坛及墙垣内外，均极美观。小苗可做绿篱，隔离带围墙点缀。侧柏是城市绿化中常用的植物，对污浊空气具有很

强的耐受力，在市区街心、路旁种植，生长良好，不碍视线，吸附尘埃，净化空气。侧柏从植于窗下、门旁，极具点缀效果。侧柏夏绿冬青，不遮光线，不碍视野，尤其在雪中更显生机。侧柏配植于草坪、花坛、山石、林下，可增加绿化层次，丰富观赏美感。它的耐污染性、耐寒性、耐干旱的特点在北方绿化中得到很好的发挥（图 4-3-2）。

图 4-3-2 侧柏景观

9. 刺柏（图 4-3-3）

别名：璎珞柏、台湾柏、红柏、红心柏

学名：*Juniperus formosana*

【科属】柏科，刺柏属。

【形态特征】乔木，高达 12 米；树皮褐色，纵裂成长条薄片脱落；枝条斜展或直展，树冠塔形或圆柱形，小枝下垂；叶 3 枚轮生，先端渐尖具锐尖头；雄球花圆球形或椭圆形，长 4～6 毫米；球果近球形或宽卵圆形，长 6～10 毫米，径 6～9 毫米，熟时淡红褐色，被白粉或白粉脱落，间或顶部微张开；种子半月圆形，具 3～4 棱脊，顶端尖，近基部有 3～4 个树脂槽。

图 4-3-3 刺柏

【生态习性】刺柏喜光，耐寒、耐旱，主侧根均甚发达，在干旱沙地和肥沃通透性土壤上生长最好。刺柏在向阳山坡及岩石缝隙处均可生长。

【园林应用】刺柏树形优美，耐寒、耐旱，抗逆性强，叶片苍翠，冬夏常青，具有良好的净化空气、改善城市小气候和降低噪声等多种性能，是城乡绿化和新农村建设中首选的树种之一。刺柏可配植、丛植、带植，也可孤植、列植形成特殊景观，在北方园林中可搭配应用（图 4-3-4）。

图 4-3-4 刺柏景观

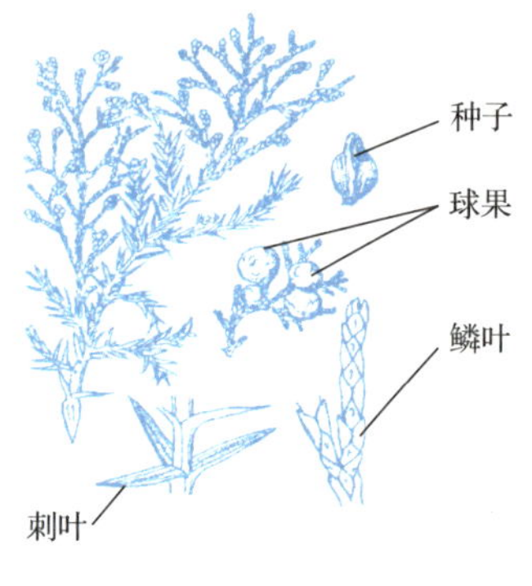

图 4-3-5　圆柏

10. 圆柏（图 4-3-5）

别名：桧柏
学名：*Sabina chinesis*
【科属】柏科，刺柏属。

【形态特征】常绿乔木，高达 20 米；树冠尖塔形或圆锥形，树皮灰褐色，纵裂，裂成不规则的薄片脱落；叶二型，即刺叶及鳞叶，刺叶生于幼树之上，老龄树则全为鳞叶，壮龄树兼有刺叶与鳞叶；雌雄异株，稀同株，雄球花黄色，椭圆形，雄蕊 5～7 对，对生，常有 3～4 花药；球果近圆球形，径 6～8 毫米，两年成熟，熟时暗褐色，被白粉或白粉脱落。

【生态习性】圆柏为喜光树种，较耐阴，喜温凉、温暖气候及湿润土壤；忌积水，耐修剪，易整形；耐寒、耐热，对土壤要求不严，能生于酸性、中性及石灰质土壤上，对土壤的干旱及潮湿均有一定的抗性；对多种有害气体有一定抗性，是针叶树中对氯气和氟化氢抗性较强的树种；对二氧化硫的抗性显著胜过油松；能吸收一定数量的硫和汞，防尘和隔音效果良好。

【园林应用】圆柏幼龄树树冠整齐，呈圆锥形，树形优美，大树干枝扭曲，姿态奇古，可以独树成景，是我国传统的园林树种。圆柏既耐修剪又有很强的耐阴性，故作绿篱比侧柏优良，下枝不易枯，冬季颜色不变褐色或黄色，且可植于建筑之北侧阴处。我国自古以来多配植于庙宇陵墓作墓道树或柏林。古庭院、古寺庙等风景名胜区多有千年古柏，“清”“奇”“古”“怪”，各具幽趣；可以群植草坪边缘作背景，或丛植片林、镶嵌树丛的边缘、建筑附近。圆柏在庭园中用途极广，可作绿篱、行道树，也可作桩景、盆景材料（图 4-3-6）。

图 4-3-6　圆柏景观

11. 铺地柏（图 4-3-7）

别名：爬地柏、矮桧、匍地柏、偃柏
学名：*Sabina procumbens*
【科属】柏科，刺柏属。

【形态特征】铺地柏是一种矮小的柏科圆柏属灌木，原生于日本南部；枝干贴近地面伸展，褐色，小枝密生。枝梢及小枝向上斜展；叶均为刺形叶，先端尖锐，3 叶交互轮生，条状披针形；球果近球形，被白粉，成熟时黑色，径 8～9 毫米，有 2～3 粒种子；匍匐枝悬垂倒挂，古雅别致，是制作悬崖式盆景的良好材料。

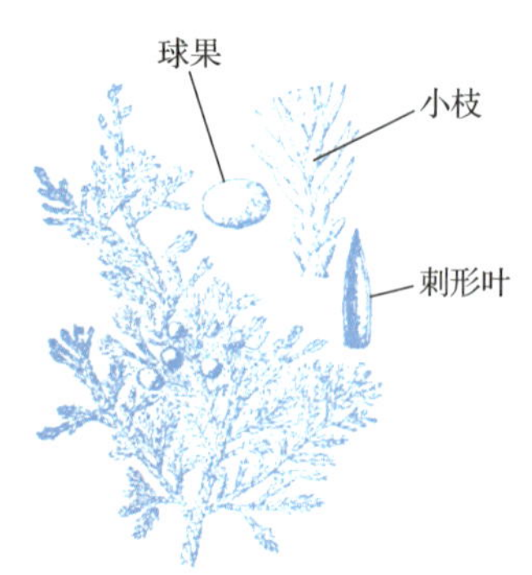

图 4-3-7　铺地柏

【生态习性】铺地柏喜光，稍耐阴，适生于滨海湿润气候，对土质的要求不严，耐寒力、萌生力均较强。抗烟尘，抗二氧化硫、氯化氢等有害气体。忌低湿地点。

【园林应用】铺地柏在园林中可配植于岩石园或草坪角隅，也是缓土坡的良好地被植物，亦经常盆栽观赏。日本庭院中在水面上的传统配植技法“流枝”，即用本种造成。有“银枝”“金枝”“多枝”等栽培变种（图 4-3-8）。

图 4-3-8　铺地柏景观

12. 叉子圆柏（图 4-3-9）

别名：沙地柏、新疆圆柏

学名：*Sabina vulgaris*

【科属】柏科，刺属。

【形态特征】匍匐灌木，高不及 1 米，稀灌木或小乔木；枝密，斜上伸展，枝皮灰褐色，裂成薄片脱落；叶二型：刺叶常生于幼树上，稀在壮龄树上与鳞叶并存，常交互对生或兼有 3 叶交叉轮生，排列较密，鳞叶交互对生，排列紧密或稍疏；雌雄异株，稀同株；雄球花椭圆形或矩圆形，长 2～3 毫米，雄蕊 5～7 对，各具 2～4 花药；雌球花曲垂或初期直立而随后俯垂；球果生于向下弯曲的小枝顶端，熟前蓝绿色，熟时褐色至紫蓝色或黑色。

图 4-3-9　叉子圆柏

【生态习性】叉子圆柏一般分布在固定和半固定的沙地上，经驯化后，在黄土丘陵地及水肥条件较好的土壤上生长良好；喜光，喜凉爽干燥的气候，耐寒、耐旱、耐瘠薄，对土壤的要求不严，不耐涝；适应性强，生长较快，扦插宜活，栽培管理简单。

【园林应用】叉子圆柏耐旱性强，可作水土保持及固沙造林树种；常植于坡地观赏及护坡，或作为常绿地被和基础种植，以增加层次；匍匐有姿，是良好的地被树种；适应性强，宜护坡固沙，是华北、西北地区良好的水土保持及固沙造林绿化树种（图 4-3-10）。

图 4-3-10　叉子圆柏景观

铺地柏和叉子圆柏的比较见表 4-3-1。

表 4-3-1 铺地柏和叉子圆柏的比较

树种	叶	叶背	枝
铺地柏	叶均为刺形叶，3 叶交叉轮生	叶背具白斑，沿中脉有纵槽	枝干贴近地面伸展，小枝密生
叉子圆柏	叶二型，幼树刺叶，老树鳞叶	叶背面中部有腺体	枝密，斜上伸展

4.4 杉　　科

杉科共 10 属 16 种，主要分布于北温带。我国产 5 属 7 种，引入栽培 4 属 7 种。其中，杉木栽培最广，生长快，木材蓄积量较丰富，用途较广，为长江流域以南及台湾高山地带的重要造林树种。

图 4-4-1 水杉

13. 水杉（图 4-4-1）

别名：水杉

学名：*Metasequoia glyptostroboides*

【科属】杉科，水杉属。

【形态特征】乔木，高达 35 米，树干基部常膨大；树皮灰色、灰褐色或暗灰色，幼树裂成薄片脱落，大树裂成长条状脱落，枝斜展，小枝下垂；叶条形，长 0.8～3.5 厘米，宽 1～2.5 毫米，上面淡绿色，下面色较淡，沿中脉有两条较边带稍宽的淡黄色气孔带，每带有 4～8 条气孔线，叶在侧生小枝上列成二列，羽状，冬季与枝一同脱落；球果下垂，近四棱状球形或矩圆状球形，成熟前绿色，熟时深褐色；种子扁平，倒卵形；花期 2 月下旬，球果 11 月成熟。

【生态习性】水杉有“活化石”之称，是喜光性强的速生树种，对环境条件的适应性较强，对二氧化硫有一定的抵抗能力，是工矿区绿化的优良树种。

【园林应用】水杉是秋叶观赏树种，在园林中最适于列植，可丛植、片植，用于堤岸、湖滨、池畔、庭院等绿化，可盆栽，也可成片栽植营造风景林，并适配常绿地被植物，还可栽于建筑物前或用作行道树（图 4-4-2）。

图 4-4-2 水杉景观

14. 柳杉（图 4-4-3）

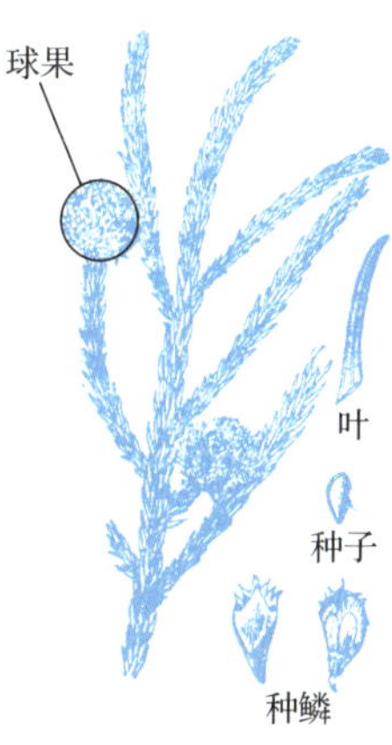

图 4-4-3 柳杉

别名：长叶孔雀松

学名：*Cryptomeria fortunei*

【科属】杉科，柳杉属。

【形态特征】乔木，高达 40 米；树皮红棕色，纤维状，裂成长条片脱落；大枝近轮生，平展或斜展；小枝细长，常下垂，绿色，枝条中部的叶较长，常向两端逐渐变短；叶钻形略向内弯曲，先端内曲，四边有气孔线，长 1～1.5 厘米；果枝的叶通常较短，有时长不及 1 厘米，幼树及萌芽枝的叶长达 2.4 厘米；雄球花单生叶腋，长椭圆形，长约 7 毫米，集生于小枝上部，呈短穗状花序状；雌球花顶生于短枝上；球果圆球形或扁球形，径 1.2～2 厘米；种子褐色，近椭圆形，扁平，长 4～6.5 毫米，宽 2～3.5 毫米，边缘有窄翅；花期 4 月，球果 10 月成熟。

【生长习性】柳杉中等喜光；喜欢温暖湿润、云雾弥漫、夏季较凉爽的山区气候；喜深厚肥沃的砂质壤土，忌积水；幼龄能稍耐阴，在温暖湿润的气候和土壤酸性、肥厚而排水良好的山地生长较快；在寒凉较干、土层瘠薄的地方生长不良；根系较浅，侧根发达，主根不明显；抗风力差；对二氧化硫、氯气、氟化氢等有较好的抗性。

【园林应用】柳杉为常绿乔木，树姿秀丽，纤枝略垂，树形圆整高大，树姿雄伟，最适于列植、对植，或于风景区内大面积群植成林，是良好的绿化和环保树种。在庭院和公园中，柳杉可于前庭、花坛中孤植或草地中丛植。柳杉枝叶密集，性又耐阴，也是适宜的高篱材料，可供隐蔽和防风之用（图 4-4-4）。

图 4-4-4 柳杉景观

技能实训 校园或公园裸子植物树种识别

一、实训目的

通过实地识别与调查，了解当地裸子植物树种的种类及园林应用，为园林树种合理配植提供实践依据。

二、实训场所

校内实验室（观察裸子植物标本）、校园、居民区、广场及城市公园（观察裸子植物树种）。

三、实训器材

笔、记录表、卷尺、测高器、数码相机、植物检索表、植物志、图鉴等。

四、实训内容和方法

1）教师现场讲解，指导学生识别裸子植物树种。

2）初步调查园林裸子植物的种类；通过观察裸子植物树种的各种球果，熟悉球果结构及各部分形态术语；掌握常见裸子植物树种的形态特征，区别易混淆树种。

3）学生分组活动，观察校园或公园内裸子植物的种类，根据植物检索表或树木识别手册进行树种识别。分组讨论后，教师核对并讲解树种识别要点；总结针叶类树种的种类及园林应用的效果；拍摄照片。

五、实训作业

以组为单位填写裸子植物树种调查记录表（表4-实-1）；制作PPT，并进行交流讨论。

表4-实-1　裸子植物树种调查记录表

观察时间：　　　　　　　　　　　　　　　　观察人：

序号	树木名称	科属	形态特征	最佳观花观果期	园林用途	备注

六、考核评估

裸子植物主要的识别要点（口试）。

思考与练习

1. 名词解释

裸子植物

2. 选择题

1）在下列植物中，针叶为2针一束的是（　　），针叶为3针一束的是（　　），针叶为5针一束的是（　　）。

A．华山松　　B．油松　　C．白扦云杉　　D．白皮松

2）树皮长条薄片脱落，针叶3枚轮生的常绿乔木是（　　）。

A．白皮松　　B．刺柏　　C．圆柏　　D．铺地柏

3）树皮薄片状剥离，叶全为鳞状的常绿乔木是（　　）。

A．刺柏　　B．铺地柏　　C．圆柏　　D．侧柏

4）叶二型，幼树全为刺叶，老树多为鳞叶的是（　　）。

A．刺柏　　B．圆柏　　C．油松　　D．侧柏

5）下列对银杏的描述错误的是（　　）。

A．银杏是我国特有树种　　B．银杏叶有长短枝之分

C．银杏是雄雌异株　　D．银杏为秋色叶树种

3. 简答题

1）简述圆柏和刺柏在形态特征上的差异。

2）简述油松、白皮松、华山松在形态特征上的差异。

学习笔记

单元 5

被子植物 

◎ 单元导读

被子植物是植物界进化最高级、种类最多、分布最广的类群。与裸子植物相对，被子植物的种子通常被果肉或种皮包覆。被子植物由于它们在种和个体数量上的优势而在覆盖陆地的植物组成中起着主要的作用，形成了作为自然环境景观的大部分植被，并且提供了大多数陆生动物生存所需的生境和营养。同时，被子植物在园林设计及生态保护方面具有广泛应用。

◎ 学习目标

知识目标

1. 了解常见被子植物的别名、科属、生态习性及主要品种。
2. 掌握木兰科、蔷薇科、豆科、忍冬科、木犀科、悬铃木科、漆树科、卫矛科、葡萄科等常见被子植物的形态特征和园林应用。

能力目标

1. 能准确描述被子植物主要科的形态特征。
2. 能识别 80 种以上的园林被子植物。
3. 能根据常见被子植物的习性进行配植。

素养目标

1. 增强环保意识、责任意识，践行绿色发展理念。
2. 培养勤于思考、善于总结、勇于探索的科学精神。
3. 发扬一丝不苟、精益求精、追求卓越的工匠精神。

大约 1 亿年前，裸子植物由盛而衰，被子植物得到发展，成为地球上分布最广、种类最多的植物。被子植物是植物界最高级的一类，是地球上最完善、适应能力最强、出现得最晚的植物，自新生代以来，它们在地球上占据绝对优势。被子植物又称显花植物、有花植物，它们拥有真正的花，这些花是它们繁殖后代的重要器官，也是区别于裸子植物及其他植物的显著特征。被子植物形态各异，包括高大的乔木、矮小的灌木及一些草本植物。

视频：木兰科常见园林树种的识别

5.1 木 兰 科

木兰科有 15 属，约 335 种，主要产于亚洲和北美的温带至热带区域。在我国，木兰科约 11 属，约 165 种。乔木或灌木，稀藤本，落叶或常绿。单叶互生，全缘，稀浅裂或有齿；托叶有或无，脱落后留存枝上有环状托叶痕；花两性或单性，单生或数朵成花序；萼片 3，稀 4，常为花瓣状，花瓣 6 或更多；雄蕊、雌蕊均为多数，分离，螺旋状排列；蓇葖果、蒴果或浆果，稀为带翅坚果。

图 5-1-1　鹅掌楸

15. 鹅掌楸（图 5-1-1）

别名：马褂木

学名：*Liriodendron chinense*

【科属】木兰科，鹅掌楸属。

【形态特征】乔木，高达 40 米；小枝灰色或灰褐色；叶马褂状，长 4～12 厘米，近基部每边具 1 侧裂片，先端具 2 浅裂，叶背苍白色，叶柄长 4～8 厘米；花杯状，花被 9 片，外轮 3 片绿色，萼片状，向外弯垂，内两轮 6 片、直立，花瓣状、倒卵形，长 3～4 厘米，绿色，具黄色纵条纹；聚合果长 7～9 厘米，具翅的小坚果长约 6 毫米，顶端钝或钝尖，具种子 1～2 颗；花期 5 月，果期 9～10 月。

【生态习性】鹅掌楸喜光及温和湿润气候，有一定的耐寒性，喜深厚肥沃、排水良好的酸性或微酸性（pH 值为 4.5～6.5）土壤，在干旱土地上生长不良，忌低湿水涝。

【园林应用】鹅掌楸树形端正雄伟，叶形奇特石雅，花大而美丽，为世界珍贵树种之一，17 世纪从北美引种到英国，其黄色花朵形似杯状的郁金香，被欧洲人称为“郁金香树”，是城市中极佳的行道树、庭荫树种，无论丛植、列植或片植于草坪、公园入口处，都有独特的景观效果，对有害气体的抵抗性较强，也是工矿区绿化的优良树种之一（图 5-1-2）。

图 5-1-2　鹅掌楸景观

16. 玉兰（图 5-1-3）

图 5-1-3 玉兰

别名：白玉兰、望春花、木花树

学名：*Magnolia denudata*

【科属】木兰科，木兰属。

【形态特征】落叶乔木，高达 15 米，树冠卵形或近球形；树皮深灰色，粗糙开裂；小枝稍粗壮，灰褐色；冬芽及花梗密被淡灰黄色长绢毛；叶纸质，倒卵形、宽倒卵形或倒卵状椭圆形，基部徒长枝叶椭圆形，长 10～15（18）厘米，先端宽圆、平截或稍凹，具短突尖，中部以下渐狭成楔形，叶上深绿色，嫩时被柔毛，后仅中脉及侧脉留有柔毛，下面淡绿色，沿脉上被柔毛，网脉明显；叶柄长 1～2.5 厘米，被柔毛，上面具狭纵沟；托叶痕为叶柄长的 1/4～1/3；花先叶开放，直立，芳香，直径 10～16 厘米；花被 9 片，白色，基部常带粉红色，花萼、花瓣相似，长圆状倒卵形；聚合果圆柱形；蓇葖厚木质，褐色，外种皮红色，内种皮黑色；花期 3～4 月，果期 9～10 月。

【生态习性】玉兰喜温暖、向阳、湿润而排水良好的环境，要求土壤肥沃、不积水；有较强的耐寒能力，在-20℃的条件下可安全越冬；在北京小环境较好的地方生长良好。

【园林应用】玉兰的栽培历史较久，为我国特有的名贵园林花木之一。玉兰先开花后长叶，花洁白、美丽且清香，早春开花时犹如雪涛云海，蔚为壮观。古时常在住宅的厅前院后配植玉兰，名为“玉兰堂”，亦可在庭园路边、草坪角隅、亭台前后或漏窗内外、洞门两旁等处种植，孤植、对植、丛植或群植均可（图 5-1-4）。

图 5-1-4 玉兰景观

17. 紫玉兰（图 5-1-5）

别名：木笔、辛夷

学名：*Magnolia liliflora*

图 5-1-5 紫玉兰

【科属】木兰科，玉兰属。

【形态特征】落叶灌木，高达 3～5 米，常丛生，树皮灰褐色，小枝绿紫色或淡褐紫色；叶椭圆状倒卵形或倒卵形，长 8～18 厘米，宽 3～10 厘米，先端急尖或渐尖，基部渐狭，沿叶柄下延至托叶痕，叶上面深绿色，幼嫩时疏生短柔毛，叶背灰绿色；早春先叶开花，花被 9 片，外轮 3 片，萼片状，紫绿色，常早落，内两轮肉质，花瓣状，外面紫色或紫红色，里面近白色。聚合果深紫褐色，圆柱形，长 7～10 厘米；成熟蓇葖近圆球形，顶端具短喙；花期 3～4 月，果期 9～10 月。

【生态习性】紫玉兰喜温暖湿润和阳光充足环境，较耐寒，但不耐旱和盐碱，怕水淹，要求肥沃、排水好的沙壤土。

【园林应用】紫玉兰的花大且美丽艳逸，姿态优美，气味幽香，可作庭园观赏树，为园艺美化装饰的重要品种（图 5-1-6）。

图 5-1-6 紫玉兰景观

5.2 蔷 薇 科

视频：蔷薇科植物概述

视频：蔷薇科春季观花植物识别要点

蔷薇科有 126 属 3300 余种，主产北半球温带，我国约有 55 属 1056 种，全国各地均产，是双子叶植物纲蔷薇亚纲经济价值较高的一个大科。绝大多数为木本，少数为草本；叶片从单叶到复叶，常有托叶；花多两性，整齐、离瓣、极稀为单性或稍不整齐，从上位花到周位花；果实类型很多，如蓇葖果、瘦果、梨果或核果。根据果实和花的构造，常把蔷薇科分为 4 个亚科，即绣线菊亚科、苹果亚科、蔷薇亚科和李亚科。4 个亚科的主要区别见表 5-2-1。

表 5-2-1　蔷薇科 4 个亚科的主要区别

蔷薇科亚科	托叶有无	心皮数目/离合	子房位置	果实类型
绣线菊亚科	通常无托叶	心皮 1～5，离生或基部合生	子房上位	蓇葖果或蒴果
苹果亚科	常有托叶	心皮 2～5，多数与杯状花托内壁联合	子房下位、半下位，极稀上位	梨果或浆果状
蔷薇亚科	有托叶	心皮常多数，离生	子房上位	聚合瘦果
李亚科	有托叶	心皮 1	子房上位	核果

5.2.1　绣线菊亚科

18. 珍珠梅（图 5-2-1）

别名：东北珍珠梅、八本条、高楷子

学名：*Sorbaria sorbifolia*

【科属】蔷薇科，珍珠梅属。

【形态特征】灌木，高达 2 米，枝条开展；羽状复叶，小叶片 11～17 枚，披针形，先端渐尖，基部近圆形或宽楔形，稀偏斜，边缘有尖锐重锯齿，羽状网脉，小叶无柄或近于无柄，托叶叶质；顶生大型密集圆锥花序，花梗长 5～8 毫米；花直径 10～12 毫米，花瓣白色；蓇葖果长圆形；花期 7～8 月，果期 9 月。

图 5-2-1　珍珠梅

【生态习性】珍珠梅喜光，亦耐阴、耐寒，冬季可耐−25℃的低温，对土壤的要求不严，积水易导致植株烂根，缺水则影响植株生长，故雨季应注意及时排水，干旱季节应浇足水。

【园林应用】珍珠梅株丛丰满，枝叶清秀，盛夏开出清雅的白花且花期很长，适宜在各类园林绿地中种植，特别是具有耐阴的特性，因此，珍珠梅是北方城市高楼大厦及各类建筑物北侧阴面绿化的花灌木树种（图 5-2-2）。

图 5-2-2　珍珠梅景观

图 5-2-3 麻叶绣线菊

19. 麻叶绣线菊（图 5-2-3）

别名：石棒子、麻叶绣球
学名：*Spiraea cantoniensis*
【科属】蔷薇科，绣线菊属。

【形态特征】灌木，高达 1.5 米；小枝呈拱形弯曲；叶片菱状披针形至菱状长圆形，长 3～5 厘米，宽 1.5～2 厘米，先端急尖，基部楔形，有羽状叶脉，叶柄长 4～7 毫米，无毛；花序伞形总状，具多数花朵，花梗长 8～14 毫米；苞片线形；花直径 5～7 毫米；花瓣近圆形，白色；蓇葖果直立开张；花期 4～5 月，果期 7～9 月。

【生态习性】麻叶绣线菊喜温暖和阳光充足的环境；稍耐寒、耐阴，较耐干旱，忌湿涝；分蘖力强；生长适温 15～24℃，冬季能耐-5℃低温；适宜种植于肥沃、疏松和排水良好的沙壤土中。

【园林应用】麻叶绣线菊花色艳丽，花朵繁茂，盛开时枝条全部被细巧的花朵覆盖，形成一条条拱形花带，树上树下一片雪白，十分惹人喜爱，是极好的观花灌木，可丛植于山坡、水岸、湖旁、石边、草坪角隅或建筑物前后，起到点缀或映衬作用，构建园林主景。麻叶绣线菊可以用作观赏，初夏观花，秋季观叶，构筑迷人的四季景观；也可以用作绿篱，起阻隔作用；还可以用作花境，形成美丽的花带（图 5-2-4）。

图 5-2-4 麻叶绣线菊景观

5.2.2 苹果亚科

20. 水栒子（图 5-2-5）

别名：多花栒子
学名：*Cotoneaster multiflorus*
【科属】蔷薇科，栒子属。

【形态特征】落叶灌木，高达 4 米；枝条细瘦，常呈弓形弯曲；叶片卵形或宽卵形，长 2～4 厘米，宽 1.5～3 厘米，先端急尖或圆钝，基部宽楔形或圆形，托叶线形；花多数，5～21 朵，聚伞花序；苞片线形；花直径 1～1.2 厘米；花瓣平展，内面基部有白色细柔毛；雄蕊约 20，花柱通常 2；果实近球形或倒卵形，直径 8 毫米，红色；花期 5～6 月，果期 8～9 月。

图 5-2-5 水栒子

【生态习性】水栒子强健，耐寒，喜光，稍耐阴，对土壤的要求不严，极耐干旱和贫瘠；喜排水良好的土壤，湿、涝洼常造成根系腐烂死亡。

【园林应用】水栒子的花洁白，果艳丽繁盛，是北方地区常见的观花、观果树种；宜丛植于草坪边缘、园路转角、坡地。有些匍匐散生的水栒子还是点缀岩石园和保护堤岸的良好植物材料。在园林中，水栒子可孤植，也可丛植于草坪边缘或园林转角，或者与其他树种搭配混植构造小景观（图 5-2-6）。

图 5-2-6　水栒子景观

21. 山楂（图 5-2-7）

图 5-2-7　山楂景观

别名：山里红

学名：*Crataegus pinnatifida*

【科属】蔷薇科，山楂属。

【形态特征】落叶乔木，树皮粗糙，刺长 1～2 厘米，有时无刺；小枝圆柱形，当年生枝疏生皮孔；叶片宽卵形或三角状卵形，长 5～10 厘米，宽 4～7.5 厘米，先端短渐尖，基部截形至宽楔形，通常两侧各有 3～5 羽状深裂片，裂片边缘有尖锐稀疏不规则重锯齿；叶柄长 2～6 厘米，托叶草质；伞房花序具多花，直径 4～6 厘米；花瓣白色；雄蕊 20，花药粉红色；花柱基部被柔毛，苞片线状披针形，花柱 3～5，柱头头状；果实近球形或梨形，深红色，有浅色斑点，小核 3～5；花期 5～6 月，果期 9～10 月。

【生态习性】山楂适应性强，喜凉爽、湿润的环境，既耐寒又耐高温，喜光也能耐阴，一般分布于荒山秃岭、阳坡、半阳坡、山谷，坡度以 15°～25° 为好；耐旱，水分过多时，枝叶容易徒长；对土壤的要求不严。

【园林应用】山楂树冠整齐，花叶繁茂，秋天满树红果，鲜艳可爱，是观花观果的优良树种，可作庭荫树和园路树，也可作绿篱、花篱或丛植（图 5-2-8）。

图 5-2-8　山楂景观

图 5-2-9　石楠

22. 石楠（图 5-2-9）

别名：千年红

学名：*Photinia serrulata*

【科属】蔷薇科，石楠属。

【形态特征】常绿灌木或小乔木，高 4～6 米，有时可达 12 米；枝褐灰色；鳞片褐色，革质，长椭圆形，长 9～22 厘米，宽 3～6.5 厘米，先端尾尖，基部圆形或宽楔形，边缘有疏生具腺细锯齿，近基部全缘，上面光亮，中脉显著，侧脉 25～30 对；叶柄粗壮；复伞房花序顶生；花密生；萼筒杯状；花瓣白色，近圆形，花药带紫色；花柱 2，有时为 3，柱头头状；果实球形，红色，后成褐紫色；花期 5～7 月，果期 10 月。

【生态习性】石楠喜光稍耐阴，深根性，对土壤的要求不严，但以肥沃、湿润、土层深厚、排水良好、微酸性的砂质壤土最为适宜，能耐短期-15℃的低温，萌芽力强，耐修剪，对烟尘和有毒气体有一定的抗性。

【园林应用】石楠枝繁叶茂，早春嫩叶鲜红，夏秋叶色浓绿光亮，秋后鲜红果实缀满枝头，鲜艳夺目，是观赏价值极高的常绿阔叶树种，作为庭荫树或进行绿墙栽植效果更佳（图 5-2-10）。

图 5-2-10　石楠景观

【常见变种】红叶石楠：由石楠与光叶石楠杂交而来，常绿小乔木或灌木，乔木高 4～6m，灌木高 1～2m，叶革质，长椭圆形至倒卵披针形，春季新叶红艳，夏季转绿，秋、冬、春三季呈现红色，霜重色愈浓，低温色更佳；作行道树，其杆立如火把；做绿篱，其状卧如火龙；修剪造景，形状可千姿百态，景观效果美丽（图 5-2-11）。

图 5-2-11　红叶石楠景观

23. 白梨（图 5-2-12）

图 5-2-12 白梨

别名：白拴梨、罐梨

学名：*Pyrus bretschneideri*

【科属】蔷薇科，梨属。

【形态特征】乔木，高达 5～8 米，树冠开展；小枝粗壮，圆柱形；叶片卵形或椭圆卵形，长 5～11 厘米，宽 3.5～6 厘米，先端渐尖稀急尖，基部宽楔形，边缘有尖锐锯齿，齿尖有刺芒，微向内合拢；叶柄长 2.5～7 厘米，托叶膜质，线形至线状披针形，先端渐尖，边缘具有腺齿，长 1～1.3 厘米，外面有稀疏柔毛，内面较密，早落；伞形总状花序，有花 7～10 朵，直径 4～7 厘米，花梗长 1.5～3 厘米，苞片膜质，线形；花瓣卵形，先端常呈啮齿状，基部具有短爪，花柱 5 或 4；果实卵形或近球形，长 2.5～3 厘米，直径 2～2.5 厘米，黄色，有细密斑点，4～5 室；种子倒卵形，微扁，长 6～7 毫米，褐色；花期 4 月，果期 8～9 月。

【生态习性】白梨耐寒、耐旱、耐涝、耐盐碱；在冬季最低温度-25℃以上的地区，多数品种可安全越冬；根系发达，喜光喜温，宜种植在土层深厚、排水良好的缓坡山地，尤以沙壤土山地为理想。

【园林应用】白梨一般作为果树种植，很少用作纯观赏性植物，在园林景观中多与其他观赏树种组合种植（图 5-2-13）。

图 5-2-13 白梨景观

24. 西府海棠（图 5-2-14）

图 5-2-14 西府海棠

别名：小果海棠

学名：*Malus micromalus*

【科属】蔷薇科，苹果属。

【形态特征】小乔木，高达 2.5～5 米，树枝直立性强；小枝细弱圆柱形；叶片长椭圆形或椭圆形，先端急尖或渐尖，边缘有尖锐锯齿；叶柄长 2～3.5 厘米；托叶膜质，线状披针形；伞形总状花序，有花 4～7 朵，集生于小枝顶端，花梗长 2～3 厘米，苞片膜质，线状披针形；花直径约 4 厘米；花瓣近圆形或长椭圆形，长约 1.5 厘米，基部有短爪，粉红色；花柱 5；果红色，径 1～1.5 厘米；花期 4～5 月，果期 8～9 月。

【生态习性】西府海棠喜光，耐寒，忌水涝，忌空气过湿，较耐干旱。

【园林应用】西府海棠树态峭立，花红，叶绿，果美，不论孤植、列植、丛植均极美观，一般多栽培于庭园供绿化用，最宜植于水滨及小庭一隅（图 5-2-15）。

图 5-2-15 西府海棠景观

25. 垂丝海棠（图 5-2-16）

图 5-2-16 垂丝海棠

别名：海棠、海棠花、垂枝海棠

学名：*Malus halliana*

【科属】蔷薇科，苹果属。

【形态特征】乔木，高达 5 米；树冠疏散，枝开展，小枝细弱，微弯曲，圆柱形；叶片卵形至长椭卵形，先端长渐尖，锯齿细钝或近全缘，叶面深绿色，有光泽并常带紫晕，叶柄长 5～25 毫米，托叶小，膜质，披针形；伞房花序，具花 4～6 朵，花梗细弱，长 2～4 厘米，下垂，紫色；花直径 3～3.5 厘米；花瓣倒卵形，基部有短爪，粉红色，常 5 数以上；雄蕊 20～25，花丝长短不齐，约等于花瓣之半；花柱 4 或 5，较雄蕊为长；果实梨形，直径 6～8 毫米，略带紫色，果梗长 2～5 厘米；花期 3～4 月，果期 9～10 月。

【生态习性】垂丝海棠喜阳光，不耐阴，也不甚耐寒，喜温暖湿润环境，适生于阳光充足、背风之处；对土壤的要求不严，在微酸或微碱性土壤中均可成长，但在土层深厚、疏松、肥沃、排水良好略带黏质的土壤中生长更好，不耐水涝（图 5-2-17）。

图 5-2-17 垂丝海棠景观

26. 贴梗海棠（图 5-2-18）

图 5-2-18 贴梗海棠

别名：皱皮木瓜、铁角海棠

学名：*Chaenomeles speciosa*

【科属】蔷薇科，木瓜海棠属。

【形态特征】落叶灌木，高达 2 米，枝条直立开展，有刺；叶片卵形至椭圆形，先端急尖，边缘具有尖锐锯齿；叶柄长约 1 厘米；托叶大形，草质，肾形或半圆形，边缘有尖锐重锯齿。花先叶开放，3～5 朵簇生于二年生老枝上；花梗短粗，长约 3 毫米或近于无柄；花直径 3～5 厘米；花瓣倒卵形或近圆形，基部延伸成短爪，猩红色，稀淡红色或白色；花柱 5，柱头头状；果实球形，黄色，有稀疏不明显斑点，成熟后微有皱缩；花期 3～5 月，果期 9～10 月。

【生态习性】贴梗海棠适应性强，喜光，也耐半阴、耐寒、耐旱；对土壤的要求不严，在肥沃、排水良好的黏土、壤土中均可正常生长，忌低洼和盐碱地。

【园林应用】贴梗海棠花朵鲜润丰腴、绚烂耀目，是庭园中主要春季花木之一，既可在园林中单株栽植布置花境，又可成行栽植作花篱，还可作盆栽观赏，是理想的花果树桩盆景材料（图 5-2-19）。

图 5-2-19 贴梗海棠景观

27. 木瓜海棠（图 5-2-20）

图 5-2-20 木瓜海棠

别名：木桃、毛叶木瓜

学名：*Chaenomeles cathayensis*

【科属】蔷薇科，木瓜海棠属。

【形态特征】落叶灌木至小乔木，高 2～6 米；枝条直立，具短枝刺，小枝圆柱形，微屈曲，紫褐色，有疏生浅褐色皮孔；叶片椭圆形、披针形至倒卵披针形，先端急尖或渐尖，基部楔形至宽楔形，边缘有芒状细尖锯齿；叶柄长约 1 厘米；托叶草质，肾形、耳形或半圆形；花先叶开放，2～3 朵簇生于二年生枝上，花梗短粗或近于无梗；花直径 2～4 厘米；萼片直立；花瓣倒卵形或近圆形，淡红色或白色；花柱 5，基部合生，柱头头状；果实卵球形或近圆柱形，先端有突起，黄色有红晕；花期 3～5 月，果期 9～10 月。

【生态习性】木瓜海棠强健，喜温暖湿润和阳光充足的环境，有一定的耐寒性，有很好的抗旱能力，虽喜湿润但怕水涝；对土壤的要求不严，在肥沃疏松、土层深厚、排水良好的微酸性土壤中生长更好，不耐盐碱。

【园林应用】木瓜海棠花色烂漫，树形好，病虫害少，是庭园绿化的良好树种；适合庭院、路边绿化带、草坪等处栽培，可丛植、列植、孤植或作花篱，也可盆栽观赏或制作盆景；春可赏花，秋可观果，枝形奇特，是园林景观的良好树种（图 5-2-21）。

图 5-2-21　木瓜海棠景观

5.2.3　蔷薇亚科

28. 棣棠（图 5-2-22）

别名：棣棠花、地棠、黄榆梅

学名：*Kerria japonica*

【科属】蔷薇科，棣棠花属。

【形态特征】灌木，小枝绿色，质软；叶卵形或三角状卵形，先端渐尖，边缘有锐尖重锯齿，叶背疏生短柔毛，托叶膜质；花单生于当年生侧枝顶端，花金黄色，花瓣近圆形；瘦果褐黑色、扁球形；花期 4～6 月，果期 6～8 月。

图 5-2-22　棣棠

【生态习性】棣棠喜温暖和湿润的气候，较耐阴，不甚耐寒，对土壤的要求不严，耐旱力较差，在北京园林中宜选背风向阳处栽植。

【园林应用】棣棠丛植于篱笆、墙际、水畔、坡地、林缘及草坪边缘，或栽做花径、花篱，或以假山配植，景观效果极佳（图 5-2-23）。

图 5-2-23　棣棠景观

29. 玫瑰（图 5-2-24）

图 5-2-24 玫瑰

别名：滨梨、刺玫、滨茄子
学名：*Rosa rugosa*
【科属】蔷薇科，蔷薇属。

【形态特征】直立灌木，高可达 2 米；茎粗壮，丛生；小枝密被绒毛，并有针刺和腺毛，有直立或弯曲、淡黄色的皮刺，皮刺外被绒毛；小叶 5～9 枚，椭圆状倒卵形，长 1.5～4.5 厘米，宽 1～2.5 厘米，先端急尖或圆钝，边缘有尖锐锯齿，叶脉下陷，有褶皱，托叶大部贴生于叶柄；花单生于叶腋，或数朵簇生，花直径 4～5.5 厘米，芳香，紫红色至白色；果扁球形，萼片宿存；花期 5～6 月，果期 8～9 月。

【生态习性】玫瑰喜阳光充足，耐寒、耐旱，喜排水良好、疏松肥沃的壤土或轻壤土，在黏壤土中生长不良，开花不佳；宜栽植在通风良好、距墙壁较远的地方，以防阳光直射，灼伤花苞，影响开花。

【园林应用】玫瑰是城市绿化和园林的理想花木，适用于作花篱，也是街道庭院园林绿化、花径花坛及百花园材料，可用于点缀广场草地、堤岸、花池，成片栽植花丛（图 5-2-25）。

图 5-2-25 玫瑰景观

30. 月季花（图 5-2-26）

图 5-2-26 月季花

别名：月月红
学名：*Rosa chinensis*
【科属】蔷薇科，蔷薇属。

【形态特征】直立灌木，小枝粗壮，有短粗的钩状皮刺；小叶 3～5 枚，稀 7 枚，小叶宽卵形至卵状长圆形，边缘有锐锯齿，上面暗绿色，常带光泽，下面颜色较浅，托叶大部贴生于叶柄；花几朵集生，稀单生，直径 4～5 厘米，花瓣重瓣至半重瓣，红色、粉红色至白色；果卵球形或梨形，长 1～2 厘米，红色，萼片脱落；花期 4～9 月，果期 6～11 月。

【生态习性】月季花适应性强，耐寒、耐旱，对土壤的要求不严，但以富含有机质、排水良好的微带酸性的沙壤土为好；喜欢阳光，但是过多的强光直射对花蕾的发育不利，花瓣容易焦枯，喜欢温暖，22～25℃为花生长的适宜温度，夏季高温对开花不利。

【园林应用】月季花是在南北园林中使用次数最多的一种花卉，是春季主要的观赏花卉，其花期长，观赏价值高，价格低廉，受到各地园林的喜爱；因其攀缘生长的特性，主要用于垂直绿化，在园林街景、美化环境中具有独特的作用。例如，能构成赏心悦目的通道和花柱，做成各种拱形、网格形、框架式架子供月季攀附，再经适当的修剪整形，可装饰建筑物，成为联系建筑物与园林的巧妙“纽带”（图 5-2-27）。

图 5-2-27　月季花景观

月季花和玫瑰的比较见表 5-2-2。

表 5-2-2　月季花和玫瑰的比较

植物名称	茎	叶	花	果	习性
月季花	直立，有的品种的枝条较长，似蔓生。均无毛，皮刺钩状，分散而少	小叶 3～5，宽卵形，表面光亮，边缘有锐锯齿	花大些，色彩多，一般单花顶生，花期长，为 5～10 月	果实为圆球体	喜光，22～25℃为其适宜生长温度
玫瑰	直立丛生，茎基部有粗大皮刺和尖细而密集的小刺	小叶 5～9，叶多皱，较小，边缘有尖锐锯齿	花较小，多为粉红色，香味浓，花期短，为 4～7 月	果实呈扁圆形	极喜光，耐寒、耐旱，不耐积水

31. 黄刺玫（图 5-2-28）

图 5-2-28　黄刺玫

别名：刺玫花、黄刺莓

学名：*Rosa xanthina*

【科属】蔷薇科，蔷薇属。

【形态特征】落叶直立灌木，高 2～3 米；枝粗壮，密集，有散生皮刺；小叶 7～13 枚，叶片宽卵形或近圆形，先端圆钝，边缘有圆钝锯齿，托叶带状披针形，大部贴生于叶柄，离生部分呈耳状；花单生于叶腋，重瓣或半重瓣，黄色，无苞片，花梗长 1～1.5 厘米；花直径 3～4（5）厘米，花瓣一般为红色或粉色，偶有白色和黄色；果近球形，紫褐色或黑褐色，花后萼片反折；花期 4～6 月，果期 7～8 月。

【生态习性】黄刺玫喜光，稍耐阴，耐寒力强；对土壤的要求不严，耐干旱和瘠薄，在盐碱土中也能生长，以疏松、肥沃土地为佳；不耐水涝。

【园林应用】黄刺玫是北方春末夏初的重要观赏花木，开花时一片金黄，鲜艳夺目，且

花期较长，适合庭园观赏、丛植、作花篱（图 5-2-29）。

图 5-2-29 黄刺玫景观

5.2.4 李亚科

32. 杏（图 5-2-30）

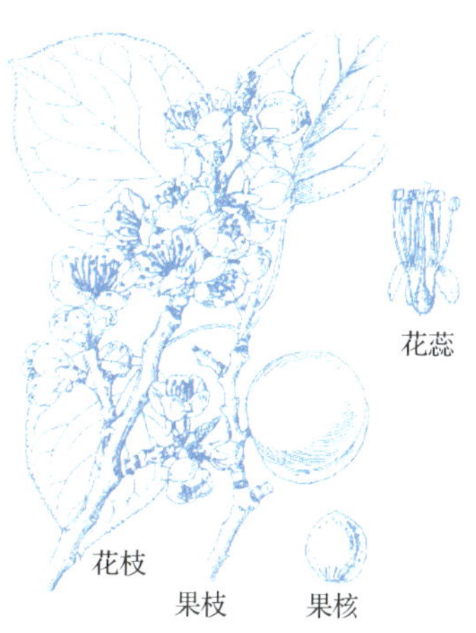

图 5-2-30 杏

别名：归勒斯、杏花、杏树

学名：*Armeniaca vulgaris*

【科属】蔷薇科，杏属。

【形态特征】乔木，高 5～8（12）米；树皮灰褐色，纵裂，一年生枝浅红褐色，有光泽，具多数小皮孔；叶片宽卵形或圆卵形，先端急尖至短渐尖，基部圆形至近心形，叶边有圆钝锯齿，叶柄长 2～3.5 厘米，基部常具 1～6 腺体；花单生，直径 2～3 厘米，先于叶开放，花梗短；花萼紫绿色，萼筒圆筒形，外面基部被短柔毛；萼片卵形至卵状长圆形，先端急尖或圆钝，花后反折；花瓣圆形，白色或带红色，具短爪；果实球形，直径 2.5 厘米以上，白色、黄色至黄红色，常具红晕，微被短柔毛；核卵形或椭圆形，两侧扁平；种仁味苦或甜；花期 3～4 月，果期 6～7 月。

【生态习性】杏为阳性树种，适应性强，深根性，喜光，耐旱，抗寒，抗风，寿命可达百年以上。

【园林应用】杏在早春开花，先花后叶；可与苍松、翠柏配植于池旁湖畔或植于山石崖边、庭院堂前，具观赏性（图 5-2-31）。

图 5-2-31 杏景观

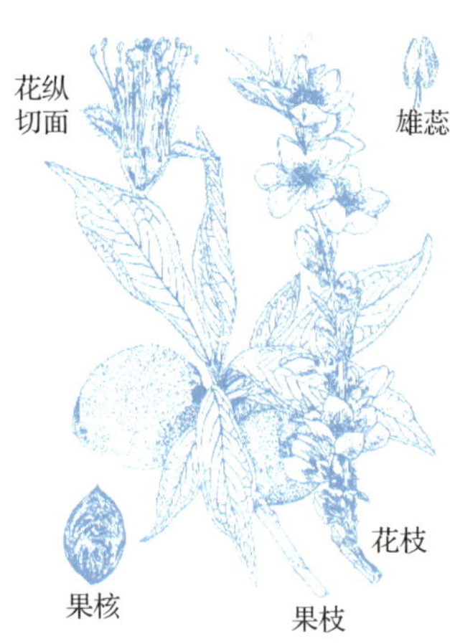

图 5-2-32　碧桃

33. 碧桃（图 5-2-32）

别名：千叶桃花

学名：*Amygdalus persica* var. *persica* f. *duplex*

【科属】蔷薇科，桃属。

【形态特征】小乔木，一般整形后株高为 3～4 米，树冠宽广而平展，树皮灰褐色，嫩枝绿色，以后转为红褐色，平滑稍有光泽，具大量小皮孔；单叶互生，椭圆状或披针形，长 7～15 厘米，宽 2～3.5 厘米，先端渐尖，基部宽楔形，叶边具细锯齿，叶柄粗壮，常具 1 枚至数枚腺体，有时无腺体；花单生或两朵生于叶腋，先叶开放，直径 2.5～3.5 厘米，花梗极短或几无梗，萼筒钟形，绿色而具红色斑点，花有单瓣、半重瓣和重瓣，花色有白、粉红、红和红白相间等色，花药绯红色；果实卵圆形，外面密被短柔毛，核大，离核或黏核，两侧扁平，顶端渐尖，表面具纵、横沟纹和孔穴；种仁味苦；花期 3～4 月，果期通常为 8～9 月。

【生态习性】碧桃喜阳光、耐旱、不耐潮湿的环境；耐寒性好，能在-25℃的自然环境下安全越冬；要求土壤肥沃、排水良好；不喜欢积水，如栽植在积水低洼的地方，容易出现死苗。

【园林应用】碧桃花朵美丽，品种众多，片植或者丛植、孤植都具有不错的效果，常栽植在公园、湖边或者道路的两旁。

【常见品种】

1）白碧桃：又称白玉，花洁白如玉，花枝大多灰褐色，叶片狭长，绿色（图 5-2-33）。

2）五色碧桃：又称洒金碧桃，一棵植株上能开不同颜色的花，有时同一朵花也一半白一半红，很是独特。花从淡到浅粉再到深粉或者红色（图 5-2-34）。

3）红叶碧桃：株高 3～5 米，灰褐色树皮，红褐色小枝，鲜红色幼叶，紫红色叶片，桃红色花瓣，先花后叶（图 5-2-35）。

图 5-2-33　白碧桃景观

图 5-2-34　五色碧桃景观

图 5-2-35　红叶碧桃景观

4）菊花碧桃：枝干红褐色且光亮，叶片为椭圆状或披针形，花为菊花形（图 5-2-36）。

5）垂枝碧桃：枝条柔软下垂，花重瓣，有纯白色、粉红色、深红色等，观赏价值较高（图 5-2-37）。

6）寿星碧桃：植株矮小，小型花，复瓣，白色或红色（图 5-2-38）。

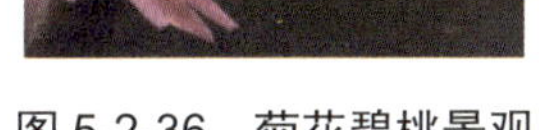

图 5-2-36 菊花碧桃景观

图 5-2-37 垂枝碧桃景观

图 5-2-38 寿星碧桃景观

34. 榆叶梅（图 5-2-39）

图 5-2-39 榆叶梅

别名：榆梅、小桃红

学名：*Amygdalus triloba*

【科属】蔷薇科，桃属。

【形态特征】灌木，高 2～3 米，枝条开展；叶常簇生，一年生枝上叶互生，叶片宽椭圆形，先端短渐尖，常 3 裂，基部宽楔形，边缘具粗锯齿或重锯齿，叶柄长 5～10 毫米；花先叶开放，1～2 朵生于叶腋，直径 2～3 厘米，花梗长 4～8 毫米；花瓣近圆形，粉红色；果实近球形，顶端具短小尖头，红色，外被短柔毛，果梗长 5～10 毫米，核近球形，具厚硬壳，两侧几不压扁，顶端圆钝，表面具不整齐的网纹；花期 4～5 月，果期 5～7 月。

【生态习性】榆叶梅喜光，稍耐阴，耐寒，能在-35℃以下越冬；对土壤的要求不严，以中性至微碱性且肥沃的土壤为佳；根系发达，耐旱力强；不耐涝；抗病力强；生于低至中海拔的坡地或沟旁乔、灌木林下或林缘。

【园林应用】榆叶梅因其叶片像榆树叶，花朵酷似梅花而得名，枝叶茂密，花繁色艳，宜植于公园草地、路边，或庭园中的墙角、池畔等。若将榆叶梅植于常绿树前，或配植于山石处，则能产生良好的观赏效果，也可与其他花色的植物搭配种植，各色花争相斗艳，景色宜人，是不可多得的园林绿化植物（图 5-2-40）。

图 5-2-40 榆叶梅景观

图 5-2-41　紫叶李

35. 紫叶李（图 5-2-41）

别名：红叶李、樱桃李

学名：*Prunus cerasifera* f. *atropurpurea*

【科属】蔷薇科，李属。

【形态特征】灌木或小乔木，高可达 8 米；多分枝，枝条暗灰色，小枝暗红色；叶片椭圆形长 3～6 厘米，宽 2～3 厘米，先端急尖，基部楔形或近圆形，边缘有圆钝锯齿，紫色，背面颜色较淡，叶柄长 6～12 毫米，托叶膜质，披针形；花 1 朵，稀 2 朵，花梗长 1～2.2 厘米，花直径 2～2.5 厘米，萼筒钟状，花瓣白色，长圆形或匙形；核果近球形或椭圆形，长宽几相等，直径 1～3 厘米，黄色、红色或黑色，微被蜡粉；花期 4 月，果期 8 月。

【生态习性】紫叶李喜阳光、温暖湿润气候，有一定的抗旱能力；对土壤的适应性较强，不耐干旱，较耐水湿，但在肥沃、深厚、排水良好的黏质中性、酸性土壤中生长良好，不耐碱；适宜生长在沙质土中，在黏质土壤中亦能生长，根系较浅，萌生力较强。

【园林应用】紫叶李以叶色闻名，整个生长期紫叶满树，尤以春、秋二季叶色更艳；可丛植、孤植或对植于草坪、广场、建筑物周围，在园林中常以常绿树作背景（图 5-2-42）。

图 5-2-42　紫叶李景观

36. 紫叶矮樱（图 5-2-43）

图 5-2-43　紫叶矮樱

学名：*Prunus×cisterna*

【科属】蔷薇科，李属。

【形态特征】落叶灌木或小乔木，高达 2.5 米左右；为紫叶李和矮樱杂交种；枝条幼时紫褐色，老枝有皮孔；叶长卵形，长 4～8 厘米，先端渐尖，基部广楔形，叶缘有不整齐的细钝齿，叶面红色或紫色，背面颜色更红；花单生，中等偏小，淡粉红色；花瓣 5 片，微香；花期 4～5 月。

【生态习性】紫叶矮樱为喜光树种，耐寒、耐阴；在光照不足处种植，其叶色会泛绿，因此应将其种植于光照充足处；对土壤的要求不严，但在肥沃深厚、排水良好的中性、微酸性的砂质土壤中生长最好，轻黏土亦可；喜湿润环境，忌涝。

【园林应用】在园林绿化中，紫叶矮樱枝条萌发力强、叶色亮丽，从出芽到落叶均为紫红色，因此既可作为城市彩篱或色块整体栽植，又可单独栽植，是绿化美化城市的优良树种之一（图 5-2-44）。

图 5-2-44 紫叶矮樱景观

紫叶李和紫叶矮樱的比较见表 5-2-3。

表 5-2-3 紫叶李和紫叶矮樱的比较

植物名称	茎	叶	花	习性	共性
紫叶李	树高可达 8 米	叶色呈紫色，背面较淡	花瓣白色，花 1 朵，稀 2 朵	喜光，抗旱，较耐水湿	二者色感好，可单独栽植，可作为城市彩篱或色块栽植
紫叶矮樱	树高 2.5 米左右	叶面红色或紫色，背面更红	花淡粉红色，花瓣 5 片，微香	喜光，忌涝	

37. 美人梅（图 5-2-45）

别名：樱李梅

学名：*Prunus×blireana* ‘Meiren’

【科属】蔷薇科，李属。

【形态特征】园艺杂交种，由重瓣粉型梅花与红叶李杂交而成；落叶小乔木；叶片卵圆形，长 5～9 厘米，紫红色；重瓣花，先叶开放，花粉红色，着花繁密，1～2 朵着生于长、中及短花枝上，花瓣 15～17 枚，小瓣 5～6 枚，花梗 1.5 厘米；果实鲜紫红；自然花期自 3 月中旬逐次自上而下陆续开放至 4 月中旬。

图 5-2-45 美人梅

【生态习性】美人梅抗寒性强，属阳性树种，在阳光充足的地方生长健壮，开花繁茂；抗旱性较强，喜空气湿度大，不耐水涝；对土壤的要求不严，以微酸性的黏壤土（pH 为 6 左右）为好；不耐空气污染，对氟化物、二氧化硫和汽车尾气等比较敏感。

【园林应用】美人梅观赏价值高，其亮红的叶色和紫红的枝条是其他梅花品种中少见的，可供一年四季观赏，既可布置庭院、开辟专园、作梅园、梅溪等大片栽植，又可作盆栽，制作盆景供节日摆花，还可作切花等其他装饰用（图 5-2-46）。

图 5-2-46　美人梅景观

38. 日本晚樱（图 5-2-47）

图 5-2-47　日本晚樱

别名：矮樱

学名：*Cerasus serrulata* var. *lannesiana*

【科属】蔷薇科，樱属。

【形态特征】乔木，高 3～8 米；属于山樱花的变种；树皮灰褐色或灰黑色，有唇形皮孔；叶片卵状椭圆形，长 5～9 厘米，宽 2.5～5 厘米，先端渐尖，基部圆形，边缘有刺芒状尖锐细锯齿；叶柄长 1～1.5 厘米，先端有 1～3 圆形腺体，托叶线形；伞房花序总状，有花 2～3 朵，总苞片褐红色，花梗长 1.5～2.5 厘米；花瓣粉色，倒卵形，先端内凹；核果球形，紫黑色；花期 4～5 月，果期 6～7 月。

【生态习性】日本晚樱属于浅根性树种，喜阳光、深厚肥沃而排水良好的土壤，有一定的耐寒能力。

【园林应用】日本晚樱色彩鲜艳，是重要的园林观花树种，宜丛植于庭园或建筑物前，也可作小路的行道树（图 5-2-48）。

图 5-2-48　日本晚樱景观

5.3 豆 科

豆科为被子植物中仅次于菊科及兰科的三大科之一，分布极为广泛，生长环境各式各样，平原、高山、荒漠、森林、草原直至水域，几乎都可见到豆科植物的踪迹，共约 650 属 18 000 种，广布于全世界。在我国有 172 属 1485 种，各省份均有分布。豆科具有重要的经济意义，它是人类食品中淀粉、蛋白质、油和蔬菜的重要来源之一。豆科最常见的 3 个亚科是蝶形花亚科、云实亚科、含羞草亚科，它们的形态比较见表 5-3-1。

视频：豆科植物概述

视频：豆科常见植物识别要点

表 5-3-1 豆科三亚科形态比较

豆科亚科	叶	花冠	雄蕊
蝶形花亚科	复叶，稀单叶	花冠蝶形，两侧对称	通常为二体（9+1）雄蕊或单体雄蕊，分离或基部联合
云实亚科	羽状复叶或单叶	花冠两侧对称，稀近辐射对称	雄蕊 10，分离
含羞草亚科	羽状复叶	花冠辐射对称，花瓣镊合状排列	雄蕊多数，分离，花丝长，常超出花冠

5.3.1 蝶形花亚科

39. 槐（图 5-3-1）

别名：国槐、槐树

学名：*Sophora japonica*

【科属】豆科，槐属。

【形态特征】乔木，高达 25 米；树皮灰褐色，具纵裂纹；当年生枝绿色，无毛；羽状复叶长达 25 厘米；叶轴初被疏柔毛，旋即脱净；叶柄基部膨大，包裹着芽；托叶形状多变，有时呈卵形，叶状，有时线形或钻状，早落；小叶 4～7 对，对生或近互生，纸质，卵状披针形或卵状长圆形，长 2.5～6 厘米，宽 1.5～3 厘米，先端渐尖，具小尖头，基部宽楔形或近圆形，稍偏斜，下面灰白色，小托叶 2 枚，钻状；圆锥花序顶生，长达 30 厘米，花冠白色或淡黄色；荚果串珠状，具肉质果皮，成熟后不开裂；花期 7～8 月，果期 8～10 月。

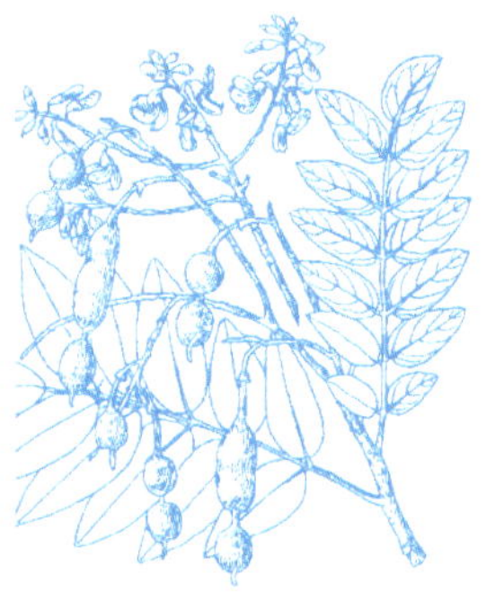
图 5-3-1 槐

【生态习性】槐耐寒，喜阳光，稍耐阴，不耐阴湿而抗旱，在低洼积水处生长不良，深根，对土壤的要求不严，较耐瘠薄，在石灰及轻度盐碱地（含盐量 0.15%左右）上也能正常生长，但在湿润、肥沃、深厚、排水良好的砂质土壤上生长最佳；耐烟尘，能适应城市街道环境；病虫害不多；寿命长。

【园林应用】槐树冠优美、花芳香，是行道树和优良的蜜源植物，在北方多用作行道树和遮阴树，也可配植于公园、建筑四周、街坊住宅区及草坪上，还可以选作为混交林的树种（图 5-3-2）。

图 5-3-2 槐景观

【常见品种】

1）龙爪槐：小枝弯曲下垂，树冠呈伞状，姿态优美，是优良的园林树种；宜门前对植或列植，或孤植于亭台山石旁，也可作工矿区绿化之用。夏秋可观花，并为优良的蜜源植物，其花蕾可作染料，果肉能入药，种子可作饲料等。另外，龙爪槐又是防风固沙、用材及经济林兼用的树种，是城乡良好的遮阴树和行道树种，对二氧化硫、氯气等有毒气体有较强的抗性。

2）金枝槐：槐的栽培品种，高可达 20 米；树皮灰褐色，具纵裂纹。当年生枝绿色，无毛，枝条秋季逐渐变成黄色、深黄色；2 年生的树体呈金黄色，树皮光滑，羽状复叶，椭圆形，光滑，淡绿色、黄色、深黄色。金枝槐耐旱、耐寒力较强，对土壤的要求不严。金枝槐树木通体呈金黄色，富贵、美丽，是公路、校园、庭院、公园、机关单位等绿化的优良品种，具有较高的观赏价值。

3）五叶槐：槐的变种之一，高达 25 米；树皮灰褐色，具纵裂纹。当年生枝绿色，无毛。羽状复叶长达 25 厘米，复叶只有小叶 1～2 对，集生于叶轴先端呈掌状。五叶槐的观赏价值高，最宜孤植或丛植于草坪和安静的休息区内，也可用于厂区绿化，对二氧化硫、氯气等有较强的抗性。

40. 刺槐（图 5-3-3）

别名：洋槐

学名：*Robinia pseudoacacia*

图 5-3-3 刺槐

【科属】豆科，刺槐属。

【形态特征】落叶乔木，高 10～25 米；树皮灰褐色，纵裂；小枝具托叶刺，长达 2 厘米；羽状复叶长 10～25 厘米，叶轴上面具沟槽，小叶 2～12 对，常对生，卵形，先端圆，微凹，具小尖头，全缘，小托叶针芒状；总状花序腋生，长 10～20 厘米，下垂，花多数，花冠白色；荚果褐色，扁平，先端上弯，具尖头，有种子 2～15 粒，种子褐色，近肾形；花期 4～5 月，果期 9～10 月。

【生态习性】刺槐生长快，干形通直圆满，喜光，不耐庇阴，萌芽力和根蘖性都很强，抗风性差，对水分条件很敏感，水分过多的地方生长缓慢，易造成植株烂根、枯梢甚至死亡，有一定的抗旱能力；对二氧化硫、氯气、光化学烟雾等的抗性都较强，还有较强的吸收铅蒸气的能力。

【园林应用】刺槐树冠高大，叶色鲜绿，每当开花季节绿白相映，素雅而芳香，可作为行道树、庭荫树、工矿区绿化及荒山荒地绿化的先锋树种（图 5-3-4）。

图 5-3-4 刺槐景观

槐和刺槐的比较见表 5-3-2。

表 5-3-2 槐和刺槐的比较

树种	枝	叶	花	果实
槐	枝平滑	奇数羽状复叶，小叶 7～17 枚，先端尖，背有白粉及柔毛	花冠白色或淡黄色，圆锥花序，花期 7～8 月	荚果串珠状，肉质，熟后不开裂
刺槐	小枝具有托叶刺	奇数羽状复叶，小叶 7～25 枚，先端圆，微有凹陷，有小尖头	花白色，总状花序腋生，下垂，花期 4～5 月（变种：红花刺槐）	荚果褐色，扁平，先端上弯，具尖头

41. 紫藤（图 5-3-5）

别名：藤萝、朱藤、招豆藤

学名：*Wisteria sinensis*

【科属】豆科，紫藤属。

【形态特征】落叶藤本；茎左旋，枝较粗壮；奇数羽状复叶长 15～25 厘米；托叶线形，小叶 7～13 枚，纸质，卵状椭圆形；总状花序长 15～30 厘米，径 8～10 厘米；苞片披针形，先叶开花，花冠紫色，花长 2～2.5 厘米，芳香；花梗细，花萼杯状；荚果倒披针形，长 10～15 厘米，宽 1.5～2 厘米，密被绒毛，悬垂枝上不脱落，有种子 1～3 粒，种子褐色，扁平；花期 4 月中旬至 5 月上旬，果期 5～8 月。

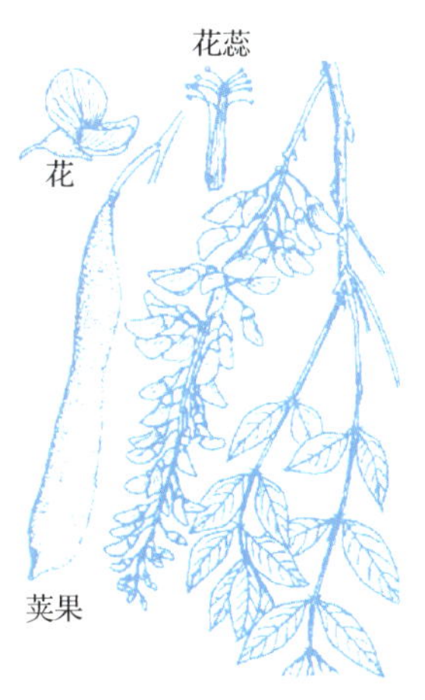

图 5-3-5 紫藤

【生态习性】紫藤对气候和土壤的适应性强，较耐寒，能耐水湿及瘠薄土壤，喜光，较耐阴；生长较快，寿命很长；缠绕能力强，对其他植物有绞杀作用。

【园林应用】紫藤自古即栽培作庭园棚架植物，先叶开花，紫穗满垂缀以稀疏嫩叶，十分优美，是优良的观花藤本植物，一般应用于园林棚架，适栽于湖畔、池边、假山、石坊等处（图 5-3-6）。

图 5-3-6　紫藤景观

42. 多花紫藤（图 5-3-7）

图 5-3-7　多花紫藤

别名：日本紫藤

学名：*Wisteria floribunda*

【科属】豆科，紫藤属。

【形态特征】落叶藤本；树皮赤褐色，茎右旋；羽状复叶长 20～30 厘米；托叶线形，小叶 13～19 枚，薄纸质，卵状披针形，小托叶刺毛状；总状花序生于当年生枝的枝梢，花序长 30～90 厘米，自下而上顺序开花，苞片披针形，花萼杯状，花冠紫色；荚果倒披针形，长 12～19 厘米，密被绒毛，有种子 3～6 粒，种子紫褐色；花期 4 月下旬至 5 月中旬，果期 5～7 月，荚果宿存枝端。

【生态习性】同紫藤。

【园林应用】同紫藤（图 5-3-8）。

图 5-3-8　多花紫藤景观

紫藤和多花紫藤的比较见表 5-3-3。

表 5-3-3　紫藤和多花紫藤的比较

植物名称	枝	叶	花	果实	共性
紫藤	茎枝左旋性	奇数羽状复叶，小叶 7～13 枚	花蓝紫色，花序长 15～30 厘米，花长 2～2.5 厘米	荚果倒披针形，长 10～15 厘米，密被绒毛，种子 1～3 粒	二者均为良好的垂直绿化树种
多花紫藤	茎枝右旋性	奇数羽状复叶，小叶 13～19 枚	花蓝紫色，花序长 30～90 厘米，花长 1.5～2 厘米	荚果倒披针形，长 12～19 厘米，密被绒毛，种子 3～6 粒	

5.3.2 云实亚科

43. 紫荆（图 5-3-9）

图 5-3-9 紫荆

别名：裸枝树、满条红

学名：*Cercis chinensis*

【科属】豆科，紫荆属。

【形态特征】落叶乔木，高达 15 米，多呈灌木状；叶纸质，近圆形或三角状圆形，先端急尖，基部浅至深心形，全缘；花紫红色，2～10 余朵成束簇生于老枝和主干上，通常先于叶开放；荚果扁狭长形，绿色，沿腹缝线有窄翅；花期 3～4 月，果期 8～10 月。

【生态习性】紫荆属于温带树种，较耐寒；喜光，稍耐阴；喜肥沃、排水良好的土壤，不耐湿；萌芽力强，耐修剪。

【园林应用】紫荆宜栽庭园、草坪、岩石及建筑物前，可丛植、片植（图 5-3-10）。

图 5-3-10 紫荆景观

44. 皂荚（图 5-3-11）

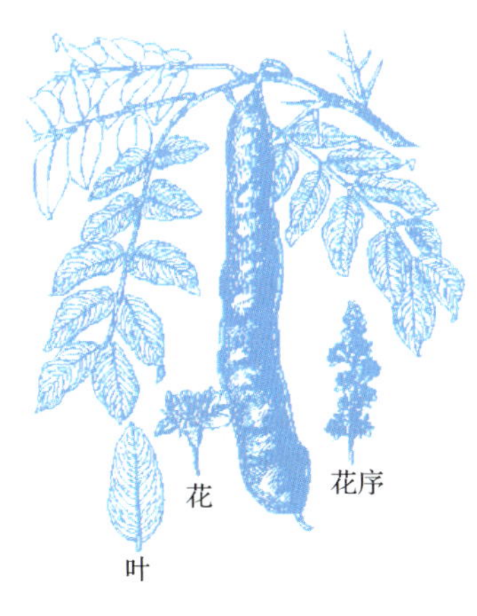

图 5-3-11 皂荚

别名：刀皂、牙皂、皂角

学名：*Gleditsia sinensis*

【科属】豆科，皂荚属。

【形态特征】落叶乔木或小乔木，高可达 30 米；刺粗壮，圆柱形，常分枝，多呈圆锥状，长达 16 厘米；羽状复叶，小叶 3～9 对，纸质，卵状披针形至长圆形，先端渐尖，顶端圆钝，具小尖头，边缘具细锯齿；花杂性，黄白色，组成总状花序，花序腋生或顶生，长 5～14 厘米；荚果带状，长 12～37 厘米，宽 2～4 厘米，劲直或扭曲，果肉稍厚；花期 3～5 月，果期 5～12 月。

【生态习性】皂荚喜光，稍耐阴，生于山坡林中或谷地、路旁，海拔自平地至 2500 米；常栽培于庭园或宅旁；在微酸性、石灰质、轻盐碱土甚至黏土或砂土中均能正常生长；属于深根性植物，具较强耐旱性，寿命可达六七百年。

【园林应用】皂荚冠大荫浓，枝条细柔下垂，潇洒多姿，加之有红褐色棘刺和大型的荚果，具有一定的观赏价值，被业内人士称为“藏在深闺”的乡土树种，适宜作庭荫树及“四旁”绿化树种（图 5-3-12）。

图 5-3-12　皂荚景观

5.3.3　含羞草亚科

45. 合欢（图 5-3-13）

别名：绒花树、马樱花

图 5-3-13　合欢

学名：*Albizia julibrissin*

【科属】豆科，合欢属。

【形态特征】落叶乔木，高可达 16 米；树干灰黑色；二回羽状复叶，互生，总叶柄长 3～5 厘米，总花柄近基部及最顶 1 对羽片着生处各有一枚腺体，托叶线状披针形，早落，羽片 4～12 对，栽培的有时达 20 对；小叶 10～30 对，线形至长圆形，向上偏斜，先端有小尖头；头状花序在枝顶排成伞房状，花绿白色，花丝粉红色，伸出花冠外，如绒缨状；荚果带状，长 9～15 厘米；花期 6～7 月，果期 8～10 月。

【生态习性】合欢喜温暖湿润和阳光充足环境，对气候和土壤的适应性强，宜在排水良好、肥沃土壤中生长，但也耐瘠薄土壤和干旱气候，但不耐水涝；生长迅速，对二氧化硫、氯化氢等有害气体有较强的抗性。

【园林应用】合欢可用作园景树、行道树、风景区造景树、工厂绿化树和生态保护树等（图 5-3-14）。

图 5-3-14　合欢景观

5.4 忍冬科

忍冬科有 13 属约 500 种，主要分布于北温带和热带高海拔山地，东亚和北美东部种类最多，个别属分布在大洋洲和南美洲。我国有 12 属 200 余种，大多分布于华中和西南各省份。忍冬科以盛产观赏植物而著称，荚蒾属（如琼花）、忍冬属、六道木属（如大花六道木）和锦带花属（如锦带花）等都是庭园观赏花木。

视频：忍冬科常见植物识别要点

46. 金银忍冬（图 5-4-1）

别名：金银木

学名：*Lonicera maackii*

【科属】忍冬科，忍冬属。

【形态特征】落叶灌木，高达 6 米，幼枝、叶、都被短柔毛；叶纸质，对生，卵状椭圆形或卵状披针形，顶端渐尖，叶柄长 2～5 毫米；花芳香，生于幼枝叶腋，花冠先白色后变黄色，唇形；浆果红色，圆形；花期 5～6 月，果熟期 8～10 月。

图 5-4-1　金银忍冬

【生态习性】金银忍冬喜强光，稍耐旱，在微潮偏干的环境中生长良好；较耐寒，在我国北方绝大多数地区可露地越冬。

【园林应用】在园林中，常将金银忍冬丛植于草坪、山坡、林缘、路边或点缀于建筑周围，观花赏果两相宜。金银忍冬树势旺盛，枝叶丰满，初夏开花有芳香，秋季红果缀枝头，是良好的观赏灌木（图 5-4-2）。

图 5-4-2　金银忍冬景观

47. 鸡树条（图 5-4-3）

别名：鸡树条荚蒾、天目琼花

学名：*Viburnum opulus* var. *calvescens*

【科属】忍冬科，荚蒾属。

花

果实

图 5-4-3　鸡树条

【形态特征】落叶灌木，高达 1.5～4 米；叶广卵形或倒卵形，长 6～12 厘米，通常 3 裂，具掌状 3 出脉，基部圆形，裂片顶端渐尖，边缘具不整齐粗牙齿，侧裂片略向外开展；叶柄粗壮，长 1～2 厘米，多枚明显的长盘形腺体；复伞形聚伞花序，花多数，周围有大型的不孕花，总花梗粗壮，花冠白色，辐状，裂片近圆形，不孕花白色，有长梗；

果实红色，近圆形，冬季宿存，核扁，近圆形；花期 5～6 月，果熟期 9～10 月。

【生态习性】鸡树条为阳性树种，稍耐阴，喜湿润空气，但在干旱气候亦能生长良好；对土壤的要求不严，在微酸性及中性土壤上都能生长；耐寒性强，根系发达，移植容易成活。

【园林应用】鸡树条适宜生长在寒冷地区，作为观赏绿化树种，花大密集，具大型不孕花，优美壮观；秋叶变红，非常美丽；秋冬果红满枝，和白雪相衬，景色迷人；宜作行道、公园灌丛、墙边及建筑物前绿化树种（图 5-4-4）。

图 5-4-4　鸡树条景观

48. 锦带花（图 5-4-5）

图 5-4-5　锦带花

别名：海仙、锦带

学名：*Weigela florida*

【科属】忍冬科，锦带花属。

【形态特征】落叶灌木，高达 1～3 米；树皮灰色；叶倒卵状椭圆形，顶端渐尖，边缘有锯齿，具短柄至无柄；花单生或成聚伞花序生于侧生短枝的叶腋或枝顶，花冠紫红色或玫瑰红色，长 3～4 厘米，内面浅红色；果实顶有短柄状喙，疏生柔毛；种子无翅；花期 4～6 月。

【生态习性】锦带花喜光，耐阴、耐寒；对土壤的要求不严，能耐瘠薄土壤，但以在深厚、湿润而腐殖质丰富的土壤中生长最好，怕水涝；萌芽力强，生长迅速。

【园林应用】锦带花的花期正值春花凋零、夏花不多之际，花色艳丽而繁多，故为东北、华北地区重要的观花灌木之一，其枝叶茂密，花色艳丽，花期可长达两个多月，在园林应用上是华北地区主要的早春花灌木。锦带花适宜庭院墙隅、湖畔群植；在树丛林缘作篱笆、丛植配植；点缀于假山、坡地。锦带花对氯化氢的抗性强，是良好的抗污染树种，其花枝可供瓶插（图 5-4-6）。

图 5-4-6　锦带花景观

49. 猬实（图 5-4-7）

图 5-4-7 猬实

别名：猬实
学名：*Kolkwitzia amabilis*
【科属】忍冬科，猬实属。
【形态特征】落叶灌木，株高 3 米；干皮纵向剥裂；叶椭圆形至卵状矩圆形，叶面疏生短柔毛；聚伞花序生于侧枝顶端，花粉红至紫红色，花冠钟状；果实卵形，2 个合生，其中 1 个不发育，外面被刺刚毛；花期 5～6 月，果期 8～9 月。
【生态习性】猬实喜温暖湿润和光照充足的环境，有一定的耐寒性，可在温度为-20℃的地区露地越冬；耐干旱；在肥沃而湿润的沙壤土中生长较好；播种、扦插、分株均可。
【园林应用】猬实为中西部特色花木，春季观猬实花密色艳，花期正值初夏百花凋谢之时，故更感可贵；宜露地丛植，也可盆栽或作切花（图 5-4-8）。

图 5-4-8 猬实景观

5.5 木犀科

木犀科约有 27 属 400 余种，广布于两半球的热带和温带地区，亚洲地区种类尤为丰富。我国产 12 属 178 种，南北各地均有分布。连翘属、丁香属、女贞属和木犀属的绝大部分种类均产我国，故我国为上述各属的分布中心。

视频：木犀科常见植物识别要点

50. 白蜡（图 5-5-1）

图 5-5-1 白蜡

别名：白蜡树
学名：*Fraxinus chinensis*
【科属】木犀科，白蜡属。
【形态特征】落叶乔木，高 10～12 米；树皮灰褐色，纵裂；羽状复叶，叶轴挺直，小叶 5～7 枚，硬纸质，卵形至披针形，先端锐尖至渐尖，基部钝圆或楔形，叶缘具整齐锯齿；圆锥花序顶生或腋生枝梢，花雌雄异株，雄花密集，雌花疏离；翅果匙形，长 3～4 厘米，宽 4～6 毫米，翅平展；花期 4～5 月，果期 7～9 月。

【生态习性】白蜡为阳性树种，喜光，对土壤的适应性较强，在酸性土、中性土及钙质土上均能生长，耐轻度盐碱，喜湿润、肥沃的土壤和砂质土壤。

【园林应用】白蜡宜作遮阴树，也是很好的行道树（图 5-5-2）。

图 5-5-2　白蜡景观

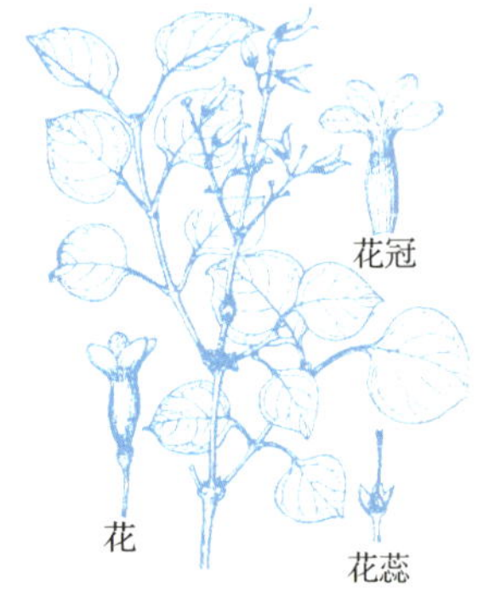

图 5-5-3　丁香

51. 丁香（图 5-5-3）

别名：紫丁香、华北紫丁香、紫丁目

学名：*Syringa oblata*

【科属】木犀科，丁香属。

【形态特征】落叶灌木或小乔木；叶对生，单叶，心形，全缘，具叶柄；花两性，聚伞花序排列成圆锥花序，顶生或侧生，花冠漏斗状、高脚碟状或近辐状，裂片 4 枚，开展或近直立；果为蒴果，微扁，2 室，室间开裂；种子扁平，有翅；花期 4～5 月，果期 6～10 月。

【生态习性】丁香喜光，喜温暖、湿润及阳光充足；稍耐阴，阴处或半阴处生长衰弱，开花稀少；具有一定耐寒性和较强的耐旱力；对土壤的要求不高，耐瘠薄，喜肥沃、排水良好的土壤，忌在低洼地种植，积水会引起病害，直至全株死亡。

【园林应用】丁香芬芳袭人，为著名的观赏花木之一，在我国园林中亦占有重要位置。丁香在园林中可植于建筑物的南向窗前，开花时，清香入室，沁人肺腑，现广泛栽植于庭园、机关、厂矿、居民区等地。丁香常丛植于建筑前、茶室凉亭周围；散植于园路两旁、草坪之中；与其他种类丁香配植成专类园；也可盆栽、促成栽培、切花等（图 5-5-4）。

图 5-5-4　丁香景观

52. 连翘（图 5-5-5）

别名：毛连翘、黄花杆、黄素丹
学名：*Forsythia suspensa*
【科属】木犀科，连翘属。

图 5-5-5 连翘

【形态特征】落叶灌木，枝开展或下垂，淡黄褐色，略呈四棱形，疏生皮孔，枝中空；叶通常为单叶，或3裂至三出复叶，叶片卵形至椭圆形，长2～10厘米，宽1.5～5厘米，先端锐尖，叶缘除基部外具锐锯齿或粗锯齿；花通常单生或2朵至数朵着生于叶腋，先于叶开放；花萼绿色，4深裂达基部，裂片长圆形，与花冠管近等长；花冠黄色，4深裂；果卵球形，先端喙状渐尖，表面疏生皮孔；果梗长0.7～1.5厘米；花期3～4月，果期7～9月。

【生态习性】连翘喜光，有一定程度的耐阴性；喜温暖、湿润气候，也很耐寒；耐干旱瘠薄，怕涝；不择土壤，在中性、微酸或碱性土壤中均能正常生长。

【园林应用】连翘常用于公园、小区的花坛种植或花境种植，也可以用作园景树（图 5-5-6）。

图 5-5-6 连翘景观

53. 迎春（图 5-5-7）

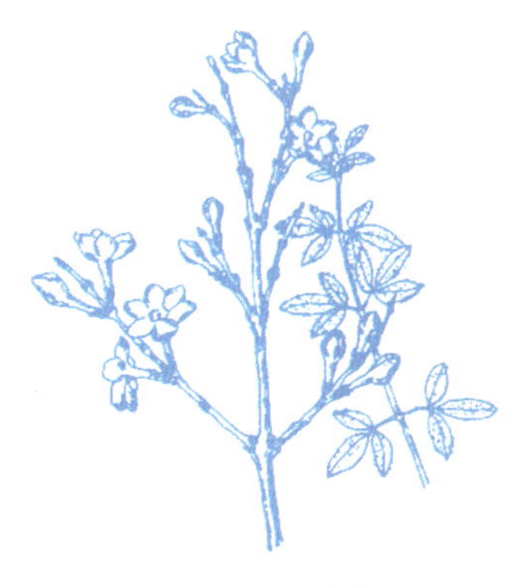
图 5-5-7 迎春

别名：迎春柳、金腰带、黄素馨、小黄花
学名：*Jasminum nudiflorum*
【科属】木犀科，素馨属。

【形态特征】落叶灌木，直立或匍匐，高0.3～5米，枝条下垂，小枝四棱形，棱上多少具狭翼；叶对生，三出复叶，小叶片长卵形，叶缘有短睫毛；花先叶开放，单生叶腋，花萼绿色，裂片5～6枚，花冠黄色，裂片5～6枚；花期2～4月。

【生态习性】迎春喜光，稍耐阴；抗旱御寒力强，不择土壤，萌蘖力强，生长快，耐修剪，易整形。迎春冬末至早春先花后叶，花色金黄，叶丛翠绿，在园林绿化中宜配植在湖边、溪畔、桥头、墙隅，或在草坪、林缘、坡地，房屋周围也可栽植，可供早春观花（图 5-5-8）。

图 5-5-8　迎春景观

54. 金钟花（图 5-5-9）

图 5-5-9　金钟花

别名：黄金条、迎春柳、金梅花、金铃花

学名：*Forsythia viridissima*

【科属】木犀科，连翘属。

【形态特征】落叶灌木，高可达 3 米；枝直立，小枝绿色或黄绿色，呈四棱形，皮孔明显，具片状髓；单叶对生，叶片长椭圆形至披针形，通常中部以上具粗锯齿，稀近全缘；花 1～3 朵腋生，先于叶开放，花萼钟状，4 裂至中部；花冠深黄色，4 深裂；蒴果卵形，先端喙状渐尖，具皮孔；花期 3～4 月，果期 8～11 月。

【生态习性】金钟花生于山坡灌丛中、溪岸、林缘，为温带、亚热带树种，喜光，耐半阴、耐旱、耐寒，忌湿涝，生于海拔 400～1200 米的山地半阴坡的平缓地。

【园林应用】金钟花先长叶后开花，开花后金黄灿烂，可丛植于草坪、墙隅、路边、树缘、院内庭前等处（图 5-5-10）。

图 5-5-10　金钟花景观

连翘、迎春和金钟花的比较见表 5-5-1。

表 5-5-1 连翘、迎春和金钟花的比较

植物名称	形态特征	共性
连翘	① 枝常下垂，灰褐色，四棱，中空 ② 叶对生，纸质，宽卵形，缘有锯齿 ③ 花萼裂片与花冠筒近等长，花常单生叶腋，花冠 4 深裂	三者均先叶后花，早春观花灌木
迎春	① 枝绿色，细长直出或拱形，四棱 ② 叶互生，三出复叶，叶缘有短睫毛 ③ 花较小，花萼绿色，裂片 5～6 枚，花冠黄色，裂片 5～6 枚	
金钟花	① 小枝直立，黄绿色，四棱，具片状髓 ② 叶对生，椭圆状披针形，中部以上具粗锯齿 ③ 花萼裂片长为花冠筒之半，花 1～3 朵腋生，花冠 4 深裂	

55. 小叶女贞（图 5-5-11）

别名：小叶冬青、小白蜡树、小叶水蜡树

学名：*Ligustrum quihoui*

【科属】木犀科，女贞属。

【形态特征】落叶灌木，高 1～3 米；叶片薄革质，长圆状椭圆形，先端锐尖、钝或微凹，叶缘反卷，上面深绿色，下面淡绿色，叶柄长 0～5 毫米；圆锥花序顶生，花冠白色，裂片卵形；核果近球形，紫黑色；花期 5～7 月，果期 8～11 月。

【生态习性】小叶女贞喜光照，稍耐阴，较耐寒，华北地区可露地栽培；对二氧化硫、氯等毒气有较好的抗性；强健，耐修剪，萌发力强。

【园林应用】小叶女贞主要作绿篱栽植；枝叶紧密、圆整，庭院中常栽植观赏；抗多种有毒气体，是优良的抗污染树种，为园林绿化中重要的绿篱材料（图 5-5-12）。

图 5-5-11 小叶女贞

图 5-5-12 小叶女贞景观

56. 小蜡（图 5-5-13）

别名：山指甲、水黄杨、黄心柳

学名：*Ligustrum sinense*

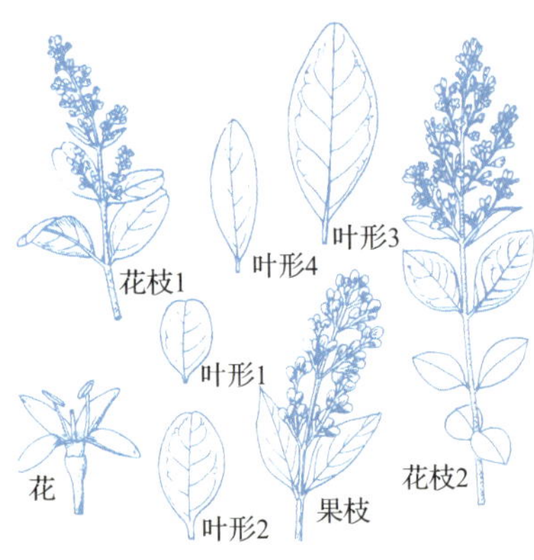

图 5-5-13　小蜡

【科属】木犀科，女贞属。

【形态特征】落叶灌木或小乔木，高 2～4 米；叶片纸质或薄革质，长圆状椭圆形至披针形，先端锐尖或钝而微凹，叶柄长 2～8 毫米，被短柔毛；圆锥花序顶生或腋生，花梗长 1～3 毫米，花冠白色；核果近球形，紫黑色；花期 3～6 月，果期 9～12 月。

【生态习性】喜光，稍耐阴，较耐寒，抗二氧化硫等多种有毒气体，耐修剪。

【园林应用】常植于庭园观赏，丛植林缘、池边、石旁都可；规则式园林中常可修剪成长、方、圆等几何形体；也常栽植于工矿区；多作绿篱应用（图 5-5-14）。

图 5-5-14　小蜡景观

小叶女贞和小蜡的比较见表 5-5-2。

表 5-5-2　小叶女贞和小蜡的比较

植物名称	形态特征	共性
小叶女贞	① 落叶或半常绿灌木，枝具短柔毛 ② 叶薄草质，两面无色 ③ 花无梗，花冠裂片与筒部等长	两者均可作绿篱或灌木球
小蜡	① 半常绿灌木，枝具短柔毛 ② 叶薄草质，长椭圆状卵形，先端常微凹 ③ 花梗明显，花冠裂片比筒部短	

5.6　悬铃木科

57. 一球悬铃木（图 5-6-1）

视频：悬铃木科常见植物识别要点

别名：美国梧桐

学名：*Platanus occidentalis*

【科属】悬铃木科，悬铃木属。

【形态特征】落叶大乔木，高 40 余米，树皮呈小块状剥落；叶大，阔卵形，通常 3 浅裂，稀为 5 浅裂，宽 10～22 厘米，长度比宽度略小；基部截形或阔心形，裂片短三角形，边缘有数个粗大锯齿，叶柄长 4～7 厘米，密被绒毛，

托叶较大，早落；花通常4～6数，单性，聚成圆球形头状花序，雄花的萼片及花瓣均短小，雌花花瓣比萼片长4～5倍；头状果序圆球形，单生，稀为2个，直径约3厘米，宿存花柱极短；小坚果，先端钝，基部的绒毛长为坚果之半，不突出头状果序外；花期5月，果期9～10月。

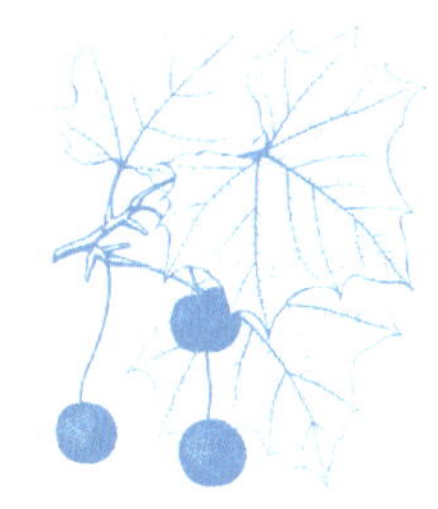

图 5-6-1　一球悬铃木

【生态习性】一球悬铃木喜光，喜温暖气候，较耐寒，适生于微酸或中性、排水良好的土壤中，抗空气污染能力较强，生长迅速，易成活，耐修剪。

【园林应用】一球悬铃木为优良的庭荫树和行道树，被广泛应用于城市绿化，在园林中孤植于草坪或旷地，列植于甬道两旁，尤为雄伟壮观，又因其对多种有毒气体的抗性较强，并能吸收有害气体，作为街坊、厂矿绿化颇为合适（图5-6-2）。

图 5-6-2　一球悬铃木景观

58. 二球悬铃木（图5-6-3）

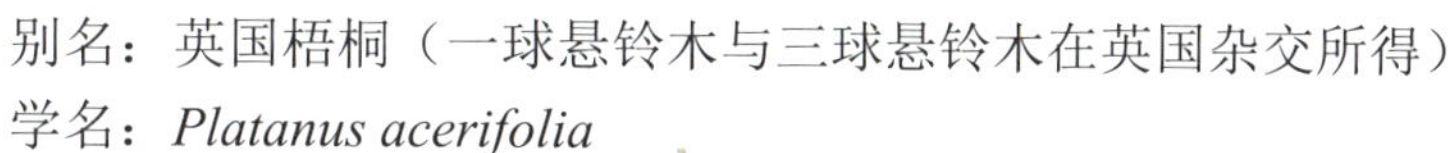

别名：英国梧桐（一球悬铃木与三球悬铃木在英国杂交所得）

学名：*Platanus acerifolia*

【科属】悬铃木科，悬铃木属。

【形态特征】落叶大乔木，高30余米，树皮光滑，大片块状脱落；叶阔卵形，宽12～25厘米，长10～24厘米，基部截形或微心形，上部掌状5裂，有时7裂或3裂；中央裂片阔三角形，宽度与长度约相等；裂片全缘或有1～2个粗大锯齿；叶柄长3～10厘米，托叶中等大；花通常4数，雄花的萼片卵形，被毛；花瓣矩圆形，长为萼片的2倍；果枝有头状果序1～2个，稀为3个，常下垂，宿存花柱刺状，坚果；果枝有头状果序1～2个，稀为3个，常下垂；头状果序直径约2.5厘米，宿存花柱长2～3毫米，刺状，坚果之间无突出的绒毛，或有极短的毛。

图 5-6-3　二球悬铃木

【生态习性】二球悬铃木喜光，不耐阴，生长迅速、成荫快，喜温暖湿润气候（北京幼树易受冻害，须防寒）；对土壤的要求不严，耐干旱、瘠薄，耐湿；根系浅易风倒，萌芽力强，耐修剪；抗烟尘、硫化氢等有害气体；树干高大，枝叶茂盛，生长迅速，易成活，耐修剪；对二氧化硫、氯气等有毒气体有较强的抗性。

【园林应用】二球悬铃木主干高大、分枝能力强、树冠广阔，夏季具有很好的遮阴降温效果，并有滞积灰尘、吸收硫化氢、二氧化硫、氯气等有毒气体的作用，作为街坊、厂矿绿化颇为合适。同时，二球悬铃木具有适应性广、生长快、繁殖与栽培比较容易等优点，已作为园林植物广植于世界各地，被称为“行道树之王”（图 5-6-4）。

图 5-6-4　二球悬铃木景观

图 5-6-5　三球悬铃木

59. 三球悬铃木（图 5-6-5）

别名：祛汗树、净土树、法国梧桐、悬铃木

学名：*Platanus orientalis*

【科属】悬铃木科，悬铃木属。

【形态特征】落叶大乔木，高达 30 米，树皮薄片状脱落；叶大，轮廓阔卵形，基部浅三角状心形，或近于平截，上部掌状 5～7 裂，稀为 3 裂，中央裂片深裂过半，边缘有少数裂片状粗齿，叶柄长 3～8 厘米，被绒毛，基部膨大，托叶小；花 4 数，雄性球状花序无柄，雌性球状花序常有柄，花瓣倒披针形；果枝长 10～15 厘米，有圆球形头状果序 3～5 个，稀为 2 个，宿存花柱突出呈刺状，小坚果突出头状果序外。

【生态习性】三球悬铃木喜光，喜湿润温暖气候，较耐寒；对土壤的要求不高，但适生于微酸性或中性、排水良好的土壤中，在微碱性土壤中虽能生长，但易发生黄化；抗空气污染能力较强，其叶片具吸收有毒气体和滞积灰尘的作用。

【园林应用】三球悬铃木树形雄伟端庄，叶大荫浓，干皮光滑，适应性强，全国各地广为栽培，为优良的庭荫树和行道树；适应性强，耐修剪整形，被广泛应用于城市绿化，在园林中孤植于草坪或旷地，列植于甬道两旁，尤为雄伟壮观（图 5-6-6）。

图 5-6-6　三球悬铃木景观

一球悬铃木、二球悬铃木、三球悬铃木的比较见表 5-6-1。

表 5-6-1 一球悬铃木、二球悬铃木、三球悬铃木的比较

树种	形态特征	共性
一球悬铃木	头状果序圆球形，单生稀为 2 个，坚果先端钝，基部的绒毛长为坚果之半，不突出头状果序外	三者均可作行道树
二球悬铃木	果枝有头状果序 1～2 个，稀为 3 个，常下垂；坚果之间无突出的绒毛，或有极短的毛	
三球悬铃木	圆球形头状果序 3～5 个，稀为 2 个，宿存花柱突出呈刺状，小坚果突出头状果序外	

5.7 槭 树 科

60. 三角槭（图 5-7-1）

视频：槭树科常见植物识别要点

别名：三角枫

学名：*Acer buergerianum*

【科属】槭树科，槭树属。

【形态特征】落叶乔木，高 5～10 米，树皮褐色，粗糙；叶纸质，椭圆形或倒卵形，长 6～10 厘米，通常浅 3 裂，裂片向前延伸，稀全缘，中央裂片三角卵形，侧裂片短钝尖或甚小，裂片边缘通常全缘，稀具少数锯齿，叶柄长 2.5～5 厘米；伞房花序，萼片 5，花瓣 5，淡黄色；翅果黄褐色，张开成锐角或近于直立；花期 4 月，果期 8 月。

图 5-7-1 三角槭

【生态习性】三角槭为弱阳性树种，稍耐阴；喜温暖、湿润环境及中性至酸性土壤；耐寒，较耐水湿，萌芽力强，耐修剪；树系发达，根蘖性强。

【园林应用】三角槭枝叶浓密，夏季浓荫覆地，入秋叶色变成暗红，宜孤植、丛植作庭荫树，也可作行道树及护岸树；在湖岸、溪边、谷地、草坪配植，或点缀于亭廊、山石间（图 5-7-2）。

图 5-7-2 三角槭景观

图 5-7-3 元宝槭

61. 元宝槭（图 5-7-3）

别名：五脚树、元宝树、平基槭

学名：*Acer truncatum*

【科属】槭树科，槭树属。

【形态特征】落叶乔木，高达 10 米；树皮灰褐色或深褐色，深纵裂；单叶对生，叶纸质，常 5 裂，稀 7 裂，裂片三角卵形或披针形，先端锐尖或尾状锐尖，边缘全缘，长 3～5 厘米，宽 1.5～2 厘

米，有时中央裂片的上段再 3 裂；裂片间的凹缺锐尖或钝尖；叶基通常截形，最下部两裂片有时向下开展；花小而黄绿色，顶生聚伞花序，4 月花与叶同放；翅果扁平，翅较宽而略长于果核，形似元宝；花期 5 月，果期 8 月。

【生态习性】元宝槭耐阴，喜温凉湿润气候，耐寒性强，但过于干冷则对生长不利，在炎热地区也如此；对土壤的要求不高，在酸性土、中性土及石灰性土中均能生长，但以在湿润、肥沃、土层深厚的土中生长最好；深根性，生长速度中等，病虫害较少；对二氧化硫、氟化氢的抗性较强，吸附粉尘的能力亦较强。

【园林应用】元宝槭嫩叶红色，秋叶黄色、红色或紫红色，树姿优美，叶形秀丽，为优良的观叶树种；宜作庭荫树、行道树或风景林树种；现多用于道路绿化（图 5-7-4）。

图 5-7-4　元宝槭景观

62. 五角槭（图 5-7-5）

图 5-7-5　五角槭

别名：五角枫、色木槭、水色树、地锦槭

学名：*Acer mono*

【科属】槭树科，槭树属。

【形体特征】落叶乔木，高达 15～20 米；树皮粗糙，常纵裂，灰色，稀深灰色或灰褐色；叶纸质，基部截形或近于心脏形，叶椭圆形，常 5 裂，有时 3 裂及 7 裂的叶生于同一树上，裂片先端锐尖或尾状锐尖，全缘，叶柄长 4～6 厘米；花多数，杂性，雄花与两性花同株，顶生圆锥状伞房花序，花的开放与叶的生长同时；萼片 5，花瓣 5，淡白色；翅果嫩时紫绿色，成熟时淡黄色；小坚果压扁状，翅长圆形，张开成锐角或近于钝角；花期 5 月，果期 9 月。

【生态习性】五角槭稍耐阴，深根性，喜湿润肥沃土壤，在酸性、中性、石灰岩上均可生长，萌蘖性强。

【园林应用】五角槭秋叶变亮黄色或红色，适宜作庭荫树、行道树及风景林树种（图 5-7-6）。

图 5-7-6　五角槭景观

三角槭、元宝槭、五角槭的比较见表 5-7-1。

表 5-7-1 三角槭、元宝槭、五角槭的比较

树种	形态特征	共性
三角槭	① 树皮褐色，薄条片状剥落 ② 单叶对生，常 3 浅裂或不裂，裂片全缘/浅齿 ③ 双翅果，果核部分两面凸起，两果翅张开成锐面或近于平行	均为秋色叶树种，可作庭园树，孤植或列植
元宝槭	① 树皮粗糙，常纵裂 ② 单叶对生，叶纸质，常 5 裂，稀裂，叶基通常截形 ③ 双翅果，果核扁平，两果翅张开约成直角，翅长等于或略长于果核	
五角槭	① 树皮薄，小枝内常有乳汁 ② 单叶对生，掌状五裂，裂片全缘，叶基心形 ③ 双翅果，小坚果压扁状，张开成锐角或近于钝角	

63. 鸡爪槭（图 5-7-7）

图 5-7-7 鸡爪槭

别名：鸡爪枫、青枫

学名：*Acer palmatum*

【科属】槭树科，槭树属。

【形态特征】落叶小乔木，树皮深灰色，当年生枝紫色或淡紫绿色，多年生枝淡灰紫色或深紫色；叶纸质，基部心脏形，5～9 掌状分裂，通常 7 裂，裂片长圆卵形或披针形，先端锐尖，边缘具紧贴的尖锐锯齿，叶柄长 4～6 厘米；花紫色，叶发出以后才开花，花瓣；翅果嫩时紫红色，成熟时淡棕黄色；小坚果球形，翅张开成钝角；花期 5 月，果期 9 月。

【生态习性】鸡爪槭为弱阳性树种，耐半阴，在阳光直射处孤植，夏季易遭日灼之害；适宜生长于温暖湿润气候及肥沃、湿润而排水良好的土壤中，耐寒性强，酸性、中性及石灰质土均能适应；生长速度中等偏慢。

【园林应用】本种在各国早已引种栽培，变种和变型很多，其中红槭（变型）和羽毛槭（变种）均在我国东南沿海各省庭园中广泛栽培。在园林绿化中，常将不同品种配植于一起，形成色彩斑斓的槭树园；也可在常绿树丛中杂以槭类品种，营造“万绿丛中一点红”景观；植于山麓、池畔，或者配以山石。另外，还可植于园门两侧、建筑物角隅，装点风景（图 5-7-8）。

图 5-7-8 鸡爪槭景观

5.8 漆 树 科

64. 火炬树（图 5-8-1）

视频：漆树科常见植物识别要点

别名：鹿角漆、火炬漆、加拿大盐肤木

学名：*Rhus typhina*

【科属】漆树科，盐肤木属。

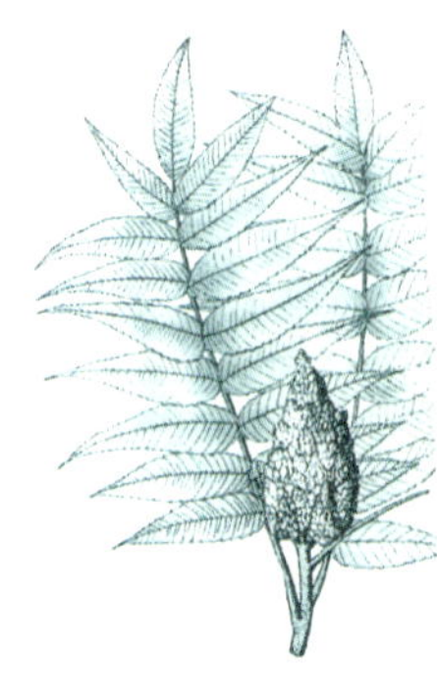
图 5-8-1 火炬树

【形态特征】落叶小乔木，高达 8 米左右，小枝密生灰色茸毛；奇数羽状复叶，小叶 19～23 枚，长椭圆状至披针形，缘有锯齿，先端长渐尖，叶轴无翅；圆锥花序顶生、密生茸毛，花淡绿色，雌花花柱有红色刺毛；核果深红色，密生绒毛，花柱宿存、密集成火炬形；花期 6～7 月，果期 8～9 月。

【生态习性】火炬树喜光，具有超强的耐寒、耐旱和耐盐碱能力，对周围环境具有极强的适应性，是一种良好的护坡、防火、固堤及封滩、固沙保土的先锋造林树种；树叶繁茂，表面有绒毛，能大量吸附大气中的浮尘及有害物质。

【园林应用】火炬树用途多，适应性广，并具有很好的观赏价值，广泛应用于人工林营建、退化土地恢复和景观建设（图 5-8-2）。

图 5-8-2 火炬树景观

65. 黄栌（图 5-8-3）

别名：红叶、灰毛黄栌

学名：*Cotinus coggygria*

【科属】漆树科，黄栌属。

图 5-8-3 黄栌

【形态特征】落叶小乔木或灌木，高可达 3～5 米；单叶互生，叶片全缘，叶柄细，叶倒卵形或卵圆形；圆锥花序疏松、顶生，花小、杂性，仅少数发育；不育花的花梗花后伸长，被羽状长柔毛，宿存；核果小，干燥，肾形扁平，绿色，种子肾形，无胚乳；花期 5～6 月，果期 7～8 月。

【生态习性】黄栌喜光，也耐半阴；耐寒，耐干旱瘠薄和碱性土壤，不耐水湿，宜植于土层深厚、肥沃而排水良好的沙壤土中；生长快，根系发达，萌蘖性强；对二氧化硫有较强抗性。秋季当昼

夜温差大于10℃时，黄栌的叶色变红。

【园林应用】黄栌是我国重要的观赏树种，树姿优美，其茎、叶、花都有较高的观赏价值，特别是深秋，叶经霜变，色彩鲜艳，美丽壮观；果形别致，成熟果实色鲜红、艳丽夺目。北京的香山红叶就是该树种。黄栌花后久留不落的不孕花的花梗呈粉红色羽毛状，在枝头形成似云似雾的景观，远远望去，宛如万缕罗纱缭绕树间，历来被文人墨客比作“叠翠烟罗寻旧梦”“雾中之花”，故黄栌又有“烟树”之称。在园林造景中，黄栌最适合城市大型公园、天然公园、半山坡上、山地风景区内群植成林，可以单纯成林，也可以与其他红叶或黄叶树种混交成林；在北方由于气候等因素，园林树种相对单调，色彩比较缺乏，黄栌可谓北方园林绿化或山区绿化的首选树种（图5-8-4）。

图5-8-4 黄栌景观

5.9 卫矛科

66. 大叶黄杨（图5-9-1）

视频：卫矛科常见植物识别要点

别名：正木、冬青卫矛

学名：*Euonymus japonicus*

【科属】卫矛科，卫矛属。

【形态特征】常绿灌木或小乔木，高0.6～2米，小枝四棱形，光滑无毛；叶对生，革质或薄革质，叶柄长2～3毫米，叶面光亮，卵形椭圆状或长圆状披针形，先端钝或锐，基部楔形或急尖；花序腋生，蒴果近球形，宿存花柱长约5毫米，斜向挺出；花期5～6月，果期9～10月。

【生态习性】大叶黄杨喜光，稍耐阴，有一定耐寒力，在淮河流域可露地自然越冬，华北地区需保护越冬；对土壤的要求不严，在微酸、微碱土壤中均能生长，在肥沃和排水良好的土壤中生长迅速，分枝也多。

【园林应用】大叶黄杨是优良的园林绿化树种，可栽植绿篱及背景种植材料，也可单株栽植在花境内，将它们修剪整形成低矮的巨大球体，相当美观，更适用于规则式的对称配植（图5-9-2）。

图5-9-1 大叶黄杨

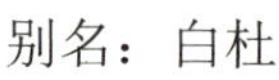

图 5-9-2　大叶黄杨景观

67. 丝棉木（图 5-9-3）

图 5-9-3　丝棉木

别名：白杜

学名：*Euonymus maackii*

【科属】卫矛科，卫矛属。

【形态特征】小乔木，高达 6 米。叶对生，窄椭圆形，先端长渐尖，基部阔楔形或近圆形，边缘具细锯齿，叶柄常为叶片的 1/4～1/3；聚伞花序 3 至多花，花序梗略扁，长 1～2 厘米，花 4 数，淡白绿色或黄绿色，雄蕊花药紫红色，花丝细长；蒴果倒圆心状，4 浅裂，成熟后果皮粉红色；种子长椭圆状，种皮棕黄色，假种皮橙红色，全包种子，成熟后顶端常有小口；花期 5～6 月，果期 9 月。

【生态习性】丝棉木喜光，稍耐阴；耐寒，对土壤的要求不严，耐干旱，也耐水湿，在肥沃、湿润而排水良好的土壤中生长最好；根系深而发达，能抗风；根萌蘖力强，生长速度中等偏慢，对二氧化硫的抗性中等。

【园林应用】丝棉木株形秀丽，枝、叶、果俱美，是行道树、庭院绿化树种的不错选择，也是工厂绿化的良好树种（图 5-9-4）。

图 5-9-4　丝棉木景观

68. 胶东卫矛（图 5-9-5）

别名：胶州卫矛、攀缘卫子

学名：*Euonymus kiautschovicus*

【科属】卫矛科，卫矛属。

【形态特征】直立或蔓性半常绿灌木，高 3 米以上，小枝圆形；叶片近革质，长圆形，顶端渐尖，基部楔形，边缘有粗锯齿，叶柄长达；聚伞花序，二回分支，花淡绿色，4 数；蒴果近圆球状，粉红色，4 纵裂，

图 5-9-5　胶东卫矛

有浅沟，种子包有黄红色的假种皮；花期8～9月，果期9～10月。

【生态习性】胶东卫矛耐寒，适应性强，对土壤的要求不严，耐修剪，分蘖力强，具有较强的抗一氧化碳、二氧化碳和工业粉尘的能力。

【园林应用】胶东卫矛基部枝条匐地且生根，常作绿篱和地被植物，栽种于庭院、甬道、建筑物周围，也是污染区理想的绿化树种（图5-9-6）。

图5-9-6 胶东卫矛景观

69. 扶芳藤（图5-9-7）

图5-9-7 扶芳藤

别名：爬行卫矛

学名：*Euonymus fortunei*

【科属】卫矛科，卫矛属。

【形态特征】常绿藤本灌木，高1米至数米；叶薄革质，长椭圆形，可窄至近披针形先端钝或急尖，基部楔形，边缘齿浅不明显，叶柄长3～6毫米；聚伞花序，有花4～7朵，花白绿色，4数，花丝细长，花药圆心形；蒴果粉红色，果皮光滑，近球形，果序梗长2～3.5厘米；种子长方椭圆状，棕褐色，假种皮鲜红色，全包种子；花期6月，果期10月。

【生态习性】扶芳藤喜温暖、湿润环境，喜阳光，亦耐阴；在雨量充沛、云雾多、土壤和空气湿度大的条件下，植株生长健壮；对土壤的适应性强，在酸碱及中性土壤中均能正常生长，可在砂石地、石灰岩山地栽培，适宜生长在疏松、肥沃的沙壤土中。

【园林应用】扶芳藤有很强的攀缘能力，在园林绿化上常用于掩盖墙面、山石，或攀缘在花格之上，形成一个垂直绿色屏障；扶芳藤耐阴性特强，种植于建筑物的背阴面或密集楼群阳光不能直射处，亦能生长良好，表现出顽强的适应能力；将扶芳藤培养成球形，可与大叶黄杨球相媲美；扶芳藤能抗二氧化硫、三氧化硫、氧化氢、氯、氟化氢、二氧化氮等有害气体，可作为空气污染严重的工矿区环境绿化树种（图5-9-8）。

图5-9-8 扶芳藤景观

5.10 胡 桃 科

70. 胡桃（图 5-10-1）

别名：核桃

学名：*Juglans regia*

【科属】胡桃科，胡桃属。

【形态特征】乔木，高达 20～25 米，树冠广阔，树皮幼时灰绿色，老时灰白色而纵向浅裂；奇数羽状复叶长 25～30 厘米，小叶 5～9 枚，稀 3 枚，椭圆状卵形，长 6～15 厘米，顶生小叶常具 3～6 厘米的小叶柄，顶端钝圆或急尖，基部歪斜，全缘，顶生小叶常具长 3～6 厘米的小叶柄；雄性柔荑花序下垂，雌性穗状花序通常具 1～3 雌花；果序短，具 1～3 果实，果实近于球状，果核稍具皱曲，有 2 条纵棱，顶端具短尖头；内果皮壁内具不规则的空隙或无空隙而仅具皱曲；花期 4～5 月，果期 9～10 月。

图 5-10-1　胡桃

【生态习性】胡桃喜光，喜温凉气候，较耐干冷，不耐温热，喜深厚、肥沃的土壤，适宜生长在阳光充足、排水良好、湿润肥沃的微酸性至弱碱性壤土或黏质壤土中，抗旱性较弱，不耐盐碱；深根性，抗风性较强，不耐移植，有肉质根，不耐水淹。

【园林应用】胡桃叶大荫浓且有清香，可用作庭荫树及行道树（图 5-10-2）。

图 5-10-2　胡桃景观

71. 枫杨（图 5-10-3）

别名：元宝树

学名：*Pterocarya stenoptera*

【科属】胡桃科，枫杨属。

【形态特征】大乔木，高达 30 米，幼树树皮平滑，浅灰色，老时则深纵裂，小枝灰色至暗褐色，具灰黄色皮孔；叶多为偶数或稀奇数羽状复叶，长 8～16 厘米，叶柄长 2～5 厘米，叶轴具窄翅；小叶 10～16 枚，无小叶柄，对生，长椭圆形，常钝圆或稀急尖，基部歪斜，边缘有向内弯的细锯

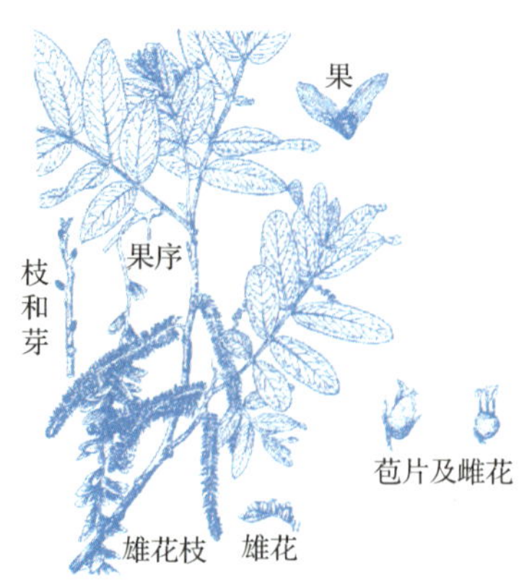

图 5-10-3　枫杨

齿；雄性柔荑花序长 6～10 厘米，单独生于去年生枝条上叶痕腋内；雌性柔荑花序顶生，长 10～15 厘米；果序长 20～45 厘米，果翅狭，条形或阔条形，长 12～20 毫米，宽 3～6 毫米，具近乎平行的脉；花期 4～5 月，果期 8～9 月。

【生态习性】枫杨喜光树种，不耐庇阴，耐湿性强，但不耐长期积水和水位太高之地，喜深厚、肥沃、湿润的土壤，对有害气体二氧化硫及氯气的抗性弱；初期生长较慢，后期生长速度加快。

【园林应用】枫杨树冠广展，枝叶茂密，生长快速，根系发达，为河床两岸低洼湿地的良好绿化树种，还可防治水土流失。枫杨既可以作为行道树，又可以成片种植或孤植于草坪及坡地，均可形成一定景观（图 5-10-4）。

图 5-10-4 枫杨景观

5.11 葡 萄 科

72. 五叶地锦（图 5-11-1）

视频：葡萄科常见植物识别要点

别名：美国地锦、五叶爬山虎

学名：*Parthenocissus quinquefolia*

【科属】葡萄科，地锦属。

【形态特征】落叶木质藤本；卷须总状 5～9 分枝，卷须顶端嫩时尖细卷曲，后遇附着物扩大成吸盘；叶为掌状 5 小叶，小叶倒卵圆形，顶端短尾尖，边缘有粗锯齿，小叶有短柄或几无柄，秋季叶变为鲜红色；花序假顶生形成主轴明显的圆锥状多歧聚伞花序，花瓣 5，白色；浆果球形，紫黑色；花期 6～7 月，果期 8～10 月。

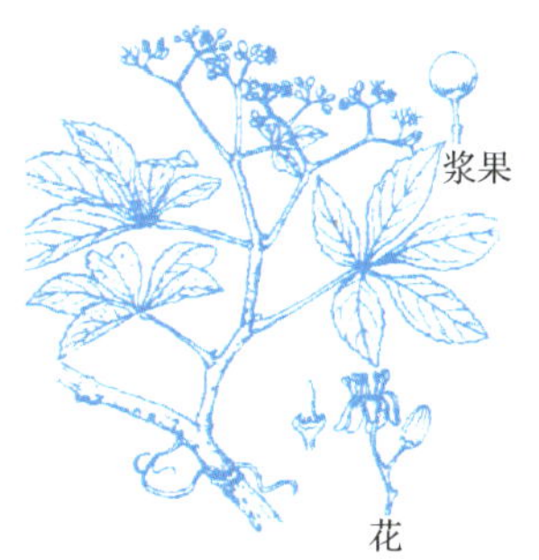

图 5-11-1 五叶地锦

【生态习性】五叶地锦喜温暖气候，具有一定的耐寒能力，耐阴，耐贫瘠，对土壤与气候的适应性较强，干燥条件下也能生存，在中性或偏碱性土壤中均可生长。

【园林应用】五叶地锦在园林绿化中整株占地面积小，向空中延伸，很容易见到绿化效果，而且抗氯气强，随着季相变化而变色，是绿化、美化、彩化、净化的垂直绿化好材料（图 5-11-2）。

图 5-11-2　五叶地锦景观

73. 地锦（图 5-11-3）

图 5-11-3　地锦

别名：爬山虎、爬墙虎

学名：*Parthenocissus tricuspidata*

【科属】葡萄科，地锦虎属。

【形态特征】多年生落叶木质藤本，藤茎可长达 18 米；表皮有皮孔，髓白色，幼枝紫红色，老枝灰褐色，枝上有卷须，多分枝，卷须顶端及尖端有黏性吸盘，可吸附在岩石、墙壁或树木上；叶为单叶，通常着生在短枝上为 3 浅裂，单叶互生，小叶肥厚，边缘有粗锯齿，花枝上的叶常 3 裂，秋季叶变为鲜红色；夏季开花，花小，成簇不显，黄绿色，花 5 朵，花瓣顶端反折；浆果小球形，熟时蓝黑色，被白粉，鸟喜食；花期 5～8 月，果期 9～10 月。

【生态习性】地锦适应性强，喜阴湿环境，但不怕强光，耐寒、耐旱、耐贫瘠，对气候的适应性强，在暖温带以南冬季也可以保持半常绿或常绿状态；耐修剪，怕积水，对土壤要求不严，阴湿环境或向阳处均能茁壮生长，但在阴湿、肥沃的土壤中生长最佳；对二氧化硫和氯化氢等有害气体有较强的抗性，对空气中的灰尘有吸附能力。

【园林应用】地锦生性随和，占地少、生长快，绿化覆盖面积大。一根茎粗 2 厘米的藤条，种植两年，墙面绿化覆盖面可达 30～50 平方米，被广泛应用于垂直绿化，如墙体绿化、廊架覆盖、道路坡面绿化等，也可用作地被栽植（图 5-11-4）。

图 5-11-4　地锦景观

五叶地锦和地锦的比较见表 5-11-1。

表 5-11-1　五叶地锦和地锦的比较

植物名称	枝	叶	花	果	共性
五叶地锦	卷须顶端尖细卷曲	掌状 5 小叶，边缘有粗锯齿	圆锥花序，花瓣 5，黄绿色	浆果蓝黑色，被白粉	二者均为良好的垂直绿化树种
地锦	枝上有卷须多，多分枝	叶为单叶，常 3 裂，边缘有粗锯齿	花小，成簇不显，黄绿色，5 数	浆果紫黑色	

5.12 杨 柳 科

74. 垂柳（图 5-12-1）

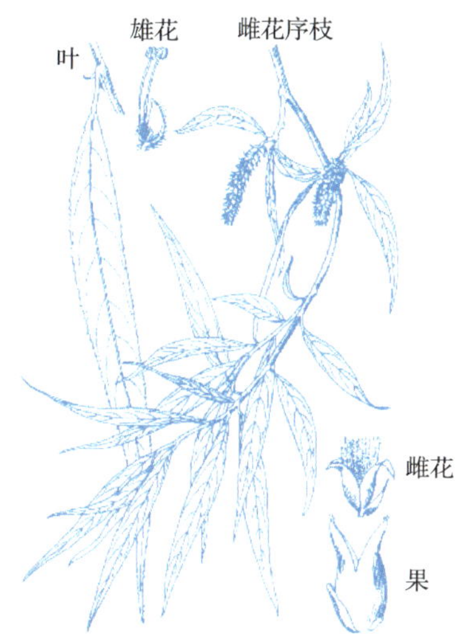

图 5-12-1　垂柳

别名：水树、垂丝柳

学名：*Salix babylonica*

【科属】杨柳科，柳属。

【形态特征】乔木，高达 12～18 米，树皮灰黑色，不规则开裂，枝细，下垂；叶狭披针形或线状披针形，长 9～16 厘米，宽 0.5～1.5 厘米，先端长渐尖，锯齿缘，叶柄长 3～10 毫米；花序先叶开放，雄花序长 1.5～2（3）厘米，花药红黄色；雌花序长达 2～3（5）厘米，花柱短，柱头 2～4 深裂；蒴果长 3～4 毫米，带绿黄褐色；花期 3～4 月，果期 4～5 月。

【生态习性】垂柳喜光，喜温暖湿润气候及潮湿深厚的酸性及中性土壤；较耐寒，特耐水湿，但亦能生于土层深厚的高燥地区；萌芽力强，根系发达，生长迅速，树干易老化；对有毒气体有一定的抗性，并能吸收二氧化硫。

【园林应用】垂柳枝条细长，生长迅速，最宜配植在水边，如桥头、池畔、河流、湖泊等水系沿岸处；与桃花间植可形成桃红柳绿之景，是江南园林春景的特色配植方式之一；也可作庭荫树、行道树、公路树；适用于工厂绿化，还是固堤护岸的重要树种（图 5-12-2）。

图 5-12-2　垂柳景观

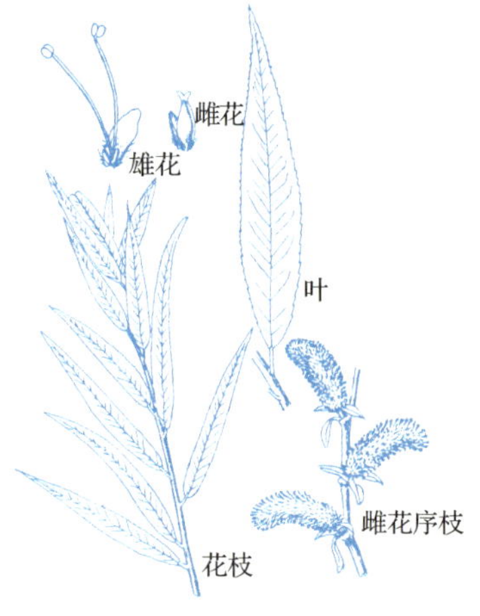

图 5-12-3　旱柳

75. 旱柳（图 5-12-3）

别名：柳树、立柳

学名：*Salix matsudana*

【科属】杨柳科，柳属。

【形态特征】落叶乔木，高可达 18 米，胸径达 80 厘米，大枝斜上，树皮暗灰黑色，有裂沟，枝细长，直立或斜展；叶披针形，先端长渐尖，锯齿缘，叶柄短；花序与叶同时开放，雄花序圆柱形，长 1.5～2.5（3）厘米，花药卵形，黄色；雌花序较雄花序短，无花柱或很短，柱头卵形；果序长达 2 厘米；花期 4 月，果期 4～5 月。

【生态习性】旱柳喜光，耐寒，湿地、旱地皆能生长，但以在湿润而排水良好的土壤上生长最好；根系发达，抗风能力强，生长快，易繁殖。

【园林应用】旱柳可用作行道树和庭荫树，也可做“四旁”绿化树种和河岸防护及沙地防护树种（图 5-12-4）。

图 5-12-4　旱柳景观

76. 毛白杨（图 5-12-5）

别名：大叶杨、响杨

学名：*Populus tomentosa*

【科属】杨柳科，杨属。

【形态特征】落叶乔木，高达 30 米；树皮幼时暗灰色，壮时灰绿色，渐变为灰白色，皮孔菱形散生，或 2～4 连生；长枝叶阔卵形或三角状卵形，长 10～15 厘米，宽 8～13 厘米，先端短渐尖，基部心形或截形，边缘深齿牙缘或波状齿牙缘，叶柄上部侧扁，顶端通常有 2（3～4）腺点；短枝叶通常较小，长 7～11 厘米，宽 6.5～10.5 厘米，卵形或三角状卵形，先端渐尖，具深波状齿牙缘；叶柄稍短于叶片，侧扁，先端无腺点；雄花序长 10～14（20）厘米，花药红色；雌花序长 4～7 厘米，柱头 2 裂，粉红色；果序长达 14 厘米，蒴果圆锥形或长卵形，2 瓣裂；花期 3 月，果期 4～5 月。

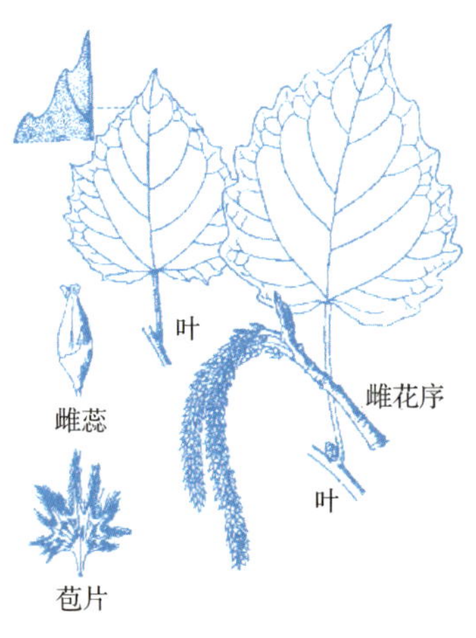

图 5-12-5　毛白杨

【生态习性】毛白杨为深根性树种，耐旱力较强，在黏土、壤土、砂质壤土或低湿轻度盐碱土中均能生长；在水肥条件充足的地方生长最快，20 年生即可成材；是我国速生树种之一。

【园林应用】毛白杨树体高大挺拔，姿态雄伟，叶大荫浓，常用作行道树、园路树或营造防护林，也是工矿区优良的绿化树种（图 5-12-6）。

图 5-12-6 毛白杨景观

77. 新疆杨（图 5-12-7）

别名：白杨、帚形银白杨、新疆银白杨

学名：*Populus alba* var. *pyramidalis*

【科属】杨柳科，杨属。

图 5-12-7 新疆杨

【形态特征】落叶乔木，高 15～30 米，树冠窄圆柱形或尖塔形，树皮为灰白或青灰色，光滑少裂；短枝叶圆形，有粗缺齿，侧齿几对称，基部平截，叶柄侧扁，被白绒毛；雄花序长 3～6 厘米，雄蕊 5～20，蒴果长椭圆形，通常 2 瓣裂，仅见雄株；雌花序长 5～10 厘米，花柱短，柱头 2，有淡黄色长裂片，蒴果细圆锥形，2 瓣裂；花期 4～5 月，果期 5 月。

【生态习性】新疆杨属中湿性树种，抗寒性较差；北疆地区在树干基部西南方向常发生冻裂，在年度极端最低气温达-30℃以下时，苗木冻梢严重；喜光，抗大气干旱，抗风，抗烟尘，抗柳毒蛾，较耐盐碱，但在未经改良的盐碱地、沼泽地、黏土地、戈壁滩上等均生长不良。

【园林应用】新疆杨树姿优美、挺拔，常用作行道树“四旁”绿化、防风固沙树种（图 5-12-8）。

图 5-12-8 新疆杨景观

5.13 桑 科

桑科约 53 属 1400 种；多产热带、亚热带，少数分布在温带地区；多为乔木，全科在我国约产 12 属 153 种和亚种，并有变种及变型 59 个。

图 5-13-1　构树

78. 构树（图 5-13-1）

别名：楮桃、楮

学名：*Broussonetia papyrifera*

【科属】桑科，构属。

【形态特征】落叶乔木，高 10～20 米；树皮暗灰色，小枝密生柔毛，全株含乳汁；叶螺旋状排列，广卵形长 6～18 厘米，宽 5～9 厘米，先端渐尖，基部心形，边缘具粗锯齿，不分裂或 3～5 裂，小树之叶常有明显分裂，表面粗糙，疏生糙毛，背面密被绒毛，基生三出叶脉，侧脉 6～7 对；叶柄长 2.5～8 厘米，密被糙毛，托叶大；花雌雄异株；雄花序为柔荑花序，长 3～8 厘米，苞片披针形，雄蕊 4，雌花序头状；聚花果直径 1.5～3 厘米，成熟时橙红色，肉质；花期 4～5 月，果期 6～7 月。

【生态习性】构树喜光，适应性强，耐干旱瘠薄，也能生于水边，多生于石灰岩山地，也能在酸性土及中性土上生长；耐烟尘，抗大气污染能力强。

【园林应用】构树的外貌虽较粗野，但其枝叶茂密且有抗性强、生长快、繁殖容易等优点，仍是城乡绿化的重要树种，尤其适用于工矿区及荒山坡地绿化，亦可选作庭荫树及防护林（图 5-13-2）。

图 5-13-2　构树景观

79. 桑（图 5-13-3）

别名：家桑、桑树

学名：*Morus alba*

【科属】桑科，桑属。

【形态特征】落叶乔木，树皮厚，灰色，具不规则浅纵裂；叶卵形或广卵形，长 5～15 厘米，宽 5～12 厘米，先端急尖、渐尖或圆钝，基部圆形至浅心形，边缘锯齿粗钝；叶柄长 1.5～5.5 厘米，具柔毛；托叶披针形，早落，外面密被细硬毛；花单性，腋生或生于芽鳞腋内，与叶同时生出；雄花序下垂，长 2～3.5 厘米，密被白色柔毛，花被片宽椭圆形，淡绿色；雌花序长 1～2 厘米，被毛；聚花果卵状椭圆形，成熟时红色或暗紫色；花期 4～5 月，果期 5～8 月。

图 5-13-3　桑

【生态习性】桑喜光，幼树稍耐阴，喜温暖、湿润；耐寒，对土壤的要求不严，最喜排水良好、深厚肥沃的土壤，耐旱涝贫瘠；抗风力强，对硫化氢、二氧化碳等有毒气体的抗性很强。

【园林应用】桑树皮纤维柔细，可作纺织原料、造纸原料；根皮、果实及枝条入药。叶为养蚕的主要饲料，亦作药用，并可作土农药。木材坚硬，可制家具、乐器、雕刻等。桑椹可以酿酒，称桑子酒（图 5-13-4）。

图 5-13-4 桑景观

【常见变种】龙桑：枝条扭曲似游龙，树冠宽阔，枝叶茂密，秋季叶色变黄，颇为美观；可培养成中干树形、丛干树形、高干乔木，成片、成行、散植、孤植均宜，且能抗烟尘及有毒气体，适用于城区、工矿区“四旁”绿化（图 5-13-5）。

图 5-13-5 龙桑景观

5.14 山茱萸科

80. 红瑞木（图 5-14-1）

别名：红梗木、凉子木

学名：*Cornus alba*

【科属】山茱萸科，梾木属。

【形态特征】灌木，高达 3 米；树皮紫红色，幼枝有淡白色短柔毛，老枝红白色，散生灰白色圆形皮孔及环形叶痕；冬叶对生，纸质，椭圆形，稀卵圆形，先端突尖，边缘全缘或波状反卷；伞房状聚伞花序顶生，花小，白色或淡黄白色，花瓣 4，花梗纤细；核果长圆形，微扁，成熟时乳白色或蓝白色，花柱

图 5-14-1 红瑞木

宿存，果梗细圆柱形；花期 6～7 月，果期 8～10 月。

【生态习性】红瑞木喜潮湿温暖环境，喜肥，在排水通畅、养分充足的环境下生长速度快；夏季应注意排水，冬季在北方有些地区容易冻害。

【园林应用】红瑞木秋叶鲜红，小果洁白，落叶后枝干红艳如珊瑚，是少有的观茎植物，也是良好的切枝材料；在园林中多丛植于草坪上或与常绿乔木相间种植，得红绿相映之效果（图 5-14-2）。

图 5-14-2　红瑞木景观

5.15　鼠　李　科

81. 枣树（图 5-15-1）

别名：枣子树、红枣树

学名：*Ziziphus jujuba*

【科属】鼠李科，枣属。

【形态特征】落叶小乔木，高达 10 余米；树皮褐色或灰褐色；枝条呈之字形曲折，具 2 个托叶刺，长刺可达 3 厘米，粗直；叶纸质，卵状椭圆形，基部稍不对称，边缘具圆齿状锯齿，基生三出脉，叶柄长 1～6 毫米，或在长枝上的可达 1 厘米，托叶刺纤细；花黄绿色，5 基数，具短总花梗，单生或 2～8 个密集成腋生聚伞花序；核果矩圆形，成熟时红色，中果皮肉质，厚，味甜，核顶端锐尖；花期 5～7 月，果期 8～9 月。

图 5-15-1　枣树

【生态习性】枣树为喜温果树，耐旱、耐涝性较强，但开花期要求较高的空气湿度，对土壤的适应性强，耐贫瘠、耐盐碱，但抗风性差，栽植时应注意避开风口处。

【园林应用】枣树枝梗劲拔，翠叶垂荫，朱实累累；宜在庭园、路旁散植或成片栽植，老根古干可作树桩盆景（图 5-15-2）。

图 5-15-2 枣树景观

5.16 紫 葳 科

82. 梓树（图 5-16-1）

别名：梓、花楸、水桐、臭梧桐、黄花楸、木角豆

学名：*Catalpa ovata*

【科属】紫葳科，梓属。

形态特征：落叶乔木，高 6～15 米；树冠伞形，主干通直平滑；叶近对生，阔卵形，长宽相近，长约 25 厘米，顶端渐尖，基部心形，全缘或浅波状，常 3 浅裂，叶柄长 6～18 厘米；圆锥花序顶生，花冠钟状，浅黄色，二唇形，上唇 2 裂，下唇 3 裂，边缘波状，筒部内有 2 黄色条带及暗紫色斑点；蒴果形如筷子，线形下垂，深褐色，长 20～30 厘米，冬季不落；花期 6～7 月，果期 8～10 月。

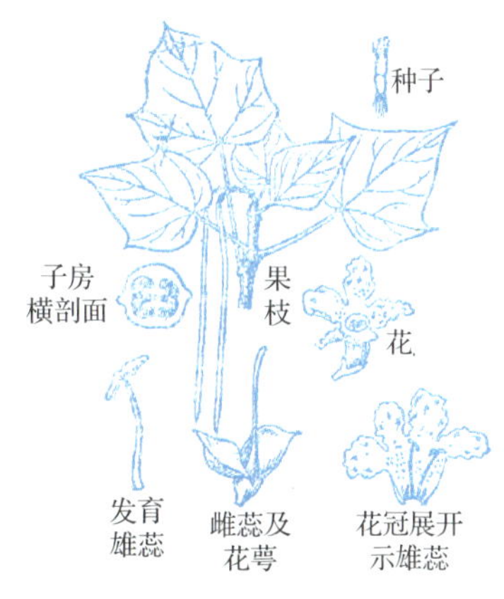

图 5-16-1 梓树

【生态习性】梓树适应性较强，喜温暖，也能耐寒，在深厚、湿润、肥沃的夹沙土中生长；不耐干旱瘠薄；抗污染能力强，生长较快。

【园林应用】梓树为速生树种，树体端正，冠幅开展，叶大荫浓，春夏黄花满树，秋冬蒴果悬挂，是具有一定观赏价值的树种；可作行道树、庭荫树及工厂绿化树种（5-16-2）。

图 5-16-2 梓树景观

图 5-16-3　楸树

83. 楸树（图 5-16-3）

别名：楸
学名：*Catalpa bungei*
【科属】紫葳科，梓属。

【形态特征】小乔木，高 8～12 米；叶三角状卵形或卵状长圆形，长 6～15 厘米，宽达 8 厘米，顶端长渐尖，有时基部具有 1～2 牙齿，叶柄长 2～8 厘米；顶生伞房状总状花序，有花 2～12 朵，花冠淡红色，内面具有 2 黄色条纹及暗紫色斑点，长 3～3.5 厘米；蒴果线形，长 25～45 厘米；花期 5～6 月，果期 6～10 月。

【生态习性】楸树喜光，喜温暖湿润气候，不耐寒冷，在深厚、湿润、肥沃、疏松的中性土、微酸性土和钙质土中生长迅速，不耐干旱，也不耐水湿；对二氧化硫、氯气等有毒气体有较强的抗性；幼苗生长比较缓慢。

【园林应用】楸树树姿俊秀，高大挺拔，枝繁叶茂，花多盖冠，其花形若钟，红斑点缀白色花冠。自古人们就把楸树作为园林观赏树种，将其广植于皇宫、庭院、刹寺庙宇、胜景名园之中（图 5-16-4）。

图 5-16-4　楸树景观

5.17　榆　　科

84. 榆树（图 5-17-1）

别名：白榆、家榆
学名：*Ulmus pumila*
【科属】榆科，榆属。

【形态特征】落叶乔木，高达 25 米，在干瘠、严寒之地呈灌木状；树皮暗灰色，粗糙；叶椭圆状卵形，先端渐尖，基部偏斜，边缘具重锯齿或单锯齿；花先叶开放，在生枝的叶腋呈簇生状；翅果近圆形，顶端具缺口；花期 3～4 月，果期 4～6 月。

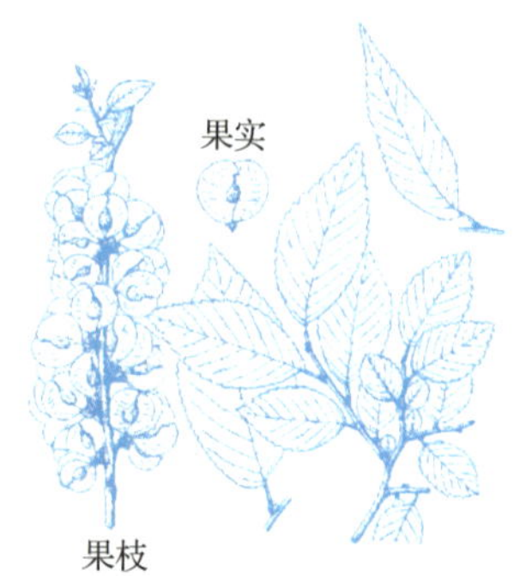

图 5-17-1　榆树

【生态习性】榆树为阳性树种，喜光，耐旱、耐寒、耐瘠薄，不择土壤，适应性很强；萌芽力强，耐修剪，能耐干冷气候及中度盐碱，但不耐水湿；具抗污染性，叶面滞尘能力强。

【园林应用】榆树树干通直，树形高大，绿荫较浓，适应性强，生长快，是城市绿化、行道树、庭荫树、工厂绿化、营造防护林的重要树种，在林业上也是营造防风林、水土保持林和盐碱地造林的主要树种之一（图 5-17-2）。

图 5-17-2 榆树景观

5.18 无患子科

85. 栾树（图 5-18-1）

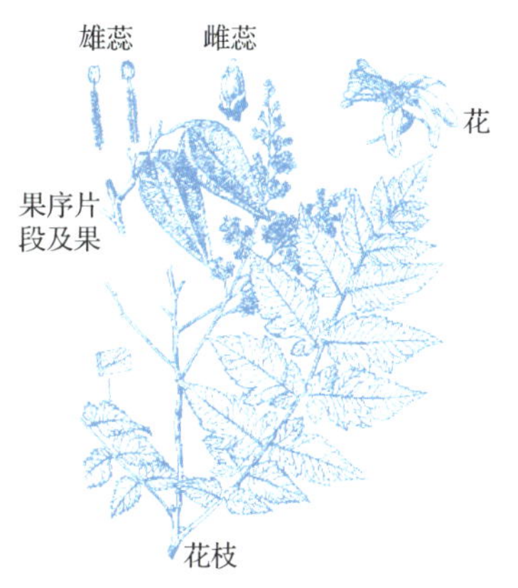

图 5-18-1 栾树

别名：木栾

学名：*Koelreuteria paniculata*

【科属】无患子科，栾树属。

【形态特征】落叶乔木，树皮灰褐色，老时纵裂；奇数羽状复叶，有时部分小叶深裂而为不完全的 2 回羽状复叶，长达40厘米；小叶7～15枚，卵形或卵状椭圆形，缘有不规则粗齿，近基部常有深裂片，背面沿脉有毛；聚伞圆锥花序宽而疏散；花小，金黄色；花瓣 4，开花时向外反折，线状长圆形；蒴果三角状卵形，具 3 棱，熟时橙红色蒴果圆锥形，具 3 棱，长 4～6 厘米，顶端渐尖，果瓣卵形，外面有网纹，内面平滑且略有光泽；种子近球形；花期 6～8 月，果期 9～10 月。

【生态习性】栾树喜光，稍耐半阴，耐寒；但是不耐水淹，耐干旱和瘠薄，对环境的适应性强，喜欢生长于石灰质土壤中，抗风能力较强，对粉尘、二氧化硫和臭氧均有较强的抗性。

【园林应用】栾树春季嫩叶多为红叶，夏季黄花满树，入秋叶色变黄，果实紫红，形似灯笼，十分美丽，已大量作为庭荫树、行道树及园景树，同时也作为居民区、工厂区及村旁绿化树种（图 5-18-2）。

图 5-18-2 栾树景观

图 5-18-2（续）

5.19 柿　树　科

86. 柿树（图 5-19-1）

别名：柿
学名：*Diospyros kaki*

图 5-19-1　柿树

【科属】柿树科，柿树属。

【形态特征】落叶乔木，树皮深灰色，沟纹较密，裂成长方块状；叶革质光亮，卵状椭圆形，较大，长 5～18 厘米，宽 2.8～9 厘米，老叶有光泽，深绿色；花雌雄异株，聚伞花序；雄花序小，弯垂，通常有花 3 朵；雌花单生叶腋，花萼绿色，有光泽，花冠淡黄白色，花冠管近四棱形；果形嫩时绿色，后变黄色，果肉较脆硬，老熟时果肉变成柔软多汁，呈橙红色或大红色等，宿存萼在花后增大增厚，4 裂；花期 5～6 月，果期 9～10 月。

【生态习性】柿树为阳性树种，喜温暖气候，充足阳光和深厚、肥沃、湿润、排水良好的土壤，较能耐寒，耐瘠薄，抗旱性强，不耐盐碱土。

【园林应用】柿树树干挺直，树冠开展，可用作行道树、庭院树（图 5-19-2）。

图 5-19-2　柿树景观

5.20 楝　　科

87. 香椿（图 5-20-1）

别名：毛椿、春阳树、春甜树、椿芽
学名：*Toona sinensis*

【科属】楝科，香椿属。

【形态特征】落叶乔木，树皮粗糙，片状脱落；叶具长柄，偶数羽状复叶，小叶16～20枚，纸质，卵状披针形，先端尾尖，边全缘或有疏离的小锯齿；圆锥花序，具短花梗，花瓣5，白色；蒴果狭椭圆形，深褐色，有小而苍白色的皮孔，种子上端有膜质的长翅，下端无翅；花期6～8月，果期10～12月。

图5-20-1 香椿

【生态习性】香椿喜温，抗寒能力随苗树龄的增加而提高，喜光，较耐湿，适宜生长于河边、宅院周围肥沃湿润的土壤中，一般以沙壤土为好。

【园林应用】香椿树干端直、树形优美、冠大荫浓、嫩芽有香气，是理想的庭荫树种和行道树种，在华北地区栽培历史悠久。香椿可孤植或三五自由配植于庭前、草坪开阔处、道路旁、水畔等区域作园景观赏树（图5-20-2）。

图5-20-2 香椿景观

5.21 苦 木 科

88. 臭椿（图5-21-1）

别名：樗

图5-21-1 臭椿

学名：*Ailanthus altissima*

【科属】苦木科，臭椿属。

【形态特征】落叶乔木，高可达20余米，树皮平滑而有直纹；奇数羽状复叶，小叶13～27枚，纸质，卵状披针形，先端长渐尖，基部偏斜，两侧各具1个或2个粗锯齿，叶面深绿色，背面灰绿色，揉碎后具臭味；圆锥花序，花淡绿色，花瓣5；翅果长椭圆形，种子位于翅的中间，扁圆形；花期4～5月，果期8～10月。

【生态习性】臭椿喜光，不耐阴；适应性强，适生于深厚、肥沃、湿润的沙壤土中；耐寒，耐旱，不耐水湿，长期积水会烂根死亡；对氯气抗性中等，对氟化氢及二氧化硫抗性强；生长快，根系深，萌芽力强。

【园林应用】臭椿树干通直高大，春季嫩叶紫红色，秋季红果满树，是良好的观赏树和行道树；可孤植、丛植或与其他树种混栽，适用于工厂、矿区等绿化（图 5-21-2）。

图 5-21-2　臭椿景观

香椿和臭椿的比较见表 5-21-1。

表 5-21-1　香椿和臭椿的比较

树种	茎	叶	叶痕	果	习性	共性
香椿	树皮粗糙，呈片状脱落	偶数羽状复叶，幼芽嫩叶香	维管束为 5 个	果实为蒴果	喜光，较耐湿	均为良好的观赏树和行道树
臭椿	树干表面较光滑，不裂	奇数羽状复叶，有异臭	维管束为 9 个	果实为翅果	喜光，不耐阴，耐寒，耐旱	

5.22　小　檗　科

89. 小檗（图 5-22-1）

别名：日本小檗
学名：*Berberis thunbergii*
【科属】小檗科，小檗属。

【形态特征】落叶灌木，一般高约 1 米，多分枝，枝条开展，具细条棱，老枝暗红色；茎刺单一，偶 3 分叉，长 5～10 毫米；节间长 1～1.5 厘米；叶薄纸质，匙形，全缘，上面绿色，背面灰绿色；花 2～5 朵组成具总梗的伞形花序，花黄色，花瓣先端微凹；浆果椭圆形，亮鲜红色，种子 1～2 枚，棕褐色；花期 4～5 月，果期 9 月。

图 5-22-1　小檗

【生态习性】小檗原产日本，我国大部分省份特别是各大城市均有引种栽培；适应性强，喜凉爽湿润环境，耐旱，耐寒，喜阳，能耐半阴，光线稍差或密度过大时部分叶片会返绿。

【园林应用】小檗枝丛生，叶紫红至鲜红；4 月开花，花黄色，略有香味；果鲜红色，挂果期长，落叶后仍缀满枝头。因此，小檗是花、叶、果兼美的观赏植物（图 5-22-2）。

图 5-22-2 小檗景观

【常见变种】紫叶小檗：叶常年紫红（图 5-22-3）。

图 5-22-3 紫叶小檗景观

5.23 玄 参 科

90. 紫花泡桐（图 5-23-1）

别名：毛泡桐

学名：*Paulownia tomentosa*

【科属】玄参科，泡桐属。

【形态特征】落叶乔木，高达 20 米，树冠宽卵形或圆形，树皮褐灰色；单叶对生，叶大，卵形，全缘或有浅裂，具长柄，叶柄常有黏性腺毛；花大，淡紫色，顶生圆锥花序，花萼钟状，肥厚，5 深裂，花冠钟形或漏斗形，上唇 2 裂、反卷，下唇 3 裂，直伸或微卷；蒴果卵圆形，外果皮革质，熟后背缝开裂；种子多数为长圆形，小而轻，两侧具有条纹的翅；花期 4～5 月，果期 8～9 月。

图 5-23-1 紫花泡桐

【生态习性】紫花泡桐耐寒、耐旱、耐盐碱、耐风沙，抗性很强，对气候的适应性强。

【园林应用】紫花泡桐树大荫浓，先叶而放的花朵色彩绚丽，宜作庭荫树和行道树，也是工厂绿化的好树种（图 5-23-2）。

图 5-23-2　紫花泡桐景观

5.24 毛 茛 科

91. 牡丹（图 5-24-1）

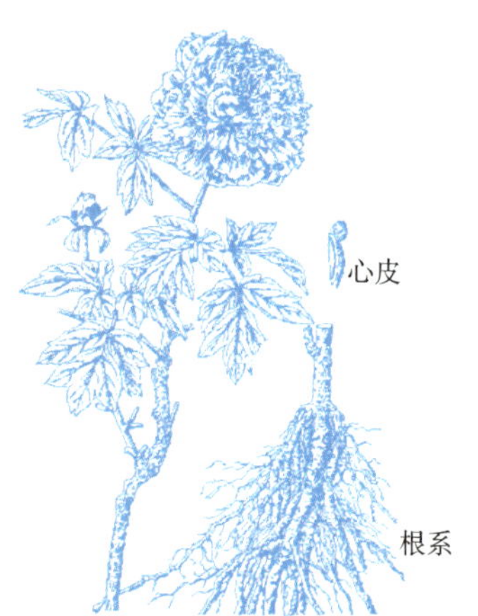

图 5-24-1　牡丹

别名：木芍药、富贵花、洛阳花

学名：*Paeonia suffruticosa*

【科属】毛茛科，芍药属。

【形态特征】落叶灌木，茎高达 2 米，分枝短而粗；顶生小叶宽卵形，3 裂至中部，裂片不裂或 2～3 浅裂；侧生小叶狭卵形或长圆状卵形，多不裂，近无柄；花单生枝顶，萼片 5，绿色，花瓣 5 或重瓣，玫瑰色、红紫色、粉红色至白色；蓇葖果长圆形，密生黄褐色硬毛；花期 5 月，果期 6 月。

【生态习性】牡丹喜光，耐半阴、耐寒、耐干旱、耐弱碱，忌积水，怕热，怕烈日直射；适宜在疏松、深厚、肥沃、地势高燥、排水良好的中性沙壤土中生长；在酸性或黏重土壤中生长不良；生长在北方寒冷地带，冬季需采取适当的防寒措施，以免受到冻害。

【园林应用】牡丹有“国色天香”之称，色、姿、香、韵俱佳，花大色艳，花姿绰约，韵压群芳。牡丹按花色通常分为墨紫色、白色、黄色、粉色、红色、紫色、雪青色、绿色八大色系，按照花期又分为早花、中花、晚花类，按照花的结构分为单花、台阁两类，又有单瓣、重瓣、千叶之异。牡丹在园林中多作专类园用花（图 5-24-2）。

图 5-24-2　牡丹景观

92. 芍药（图 5-24-3）

图 5-24-3 芍药

别名：将离、离草、没骨花
学名：*Paeonia lactiflora*
【科属】毛茛科，芍药属。
【形态特征】多年生宿根草本，茎高 40～70 厘米，分枝黑褐色，无毛；叶互生，下部茎生叶为二回三出复叶，上部茎生叶为单叶；小叶狭卵形、椭圆形或披针形；花数朵，生于枝顶或叶腋，有时仅一朵开放，苞片 4～5，披针形，萼片 4，宽卵形，花瓣 9～13，倒卵形，白色或粉红色，雄蕊多数，花丝黄色，心皮 4～5，无毛；蓇葖长 2.5～3 厘米，直径 1.2～1.5 厘米，顶端具喙；花期 5～6 月，果期 8 月。
【生态习性】芍药喜光照，耐旱；属长日照植物，花芽要在长日照下发育开花，混合芽萌发后，光照时间不足或在短日照条件下通常只长叶不开花或开花异常。
【园林应用】芍药属于十大名花之一，可作专类园、切花、花坛用花等，花大色艳，观赏性佳，和牡丹搭配可在视觉效果上延长花期，因此常和牡丹搭配种植（图 5-24-4）。

图 5-24-4 芍药景观

牡丹和芍药的比较见表 5-24-1。

表 5-24-1 牡丹和芍药的比较

植物名称	茎	叶	花	果	习性	共性
牡丹	灌木，分枝短而粗	叶互生，顶生小叶宽卵形，3 裂至中部，侧生小叶狭卵形	花单生枝顶，苞片 5，花萼 5，花冠 5 或重瓣	蓇葖果长圆形	喜湿，忌夏季暴晒	均宜配植花镜或作专类园，片植、丛植均可
芍药	草本，分枝黑褐色	叶互生，下部叶为二回三出复叶，上部为单叶，小叶狭卵形、椭圆形或披针形	花数朵生枝顶或叶腋，苞片 4～5，萼片 4，花瓣 9～13	蓇葖长 2.5～3 厘米，直径 1.2～1.5 厘米，顶端具喙	喜光，耐旱	

5.25 睡 莲 科

93. 荷花（图 5-25-1）

别名：莲花、芙蕖、水芙蓉

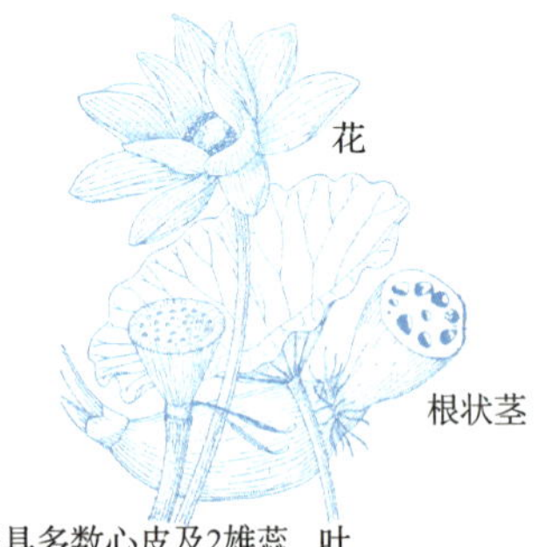

图 5-25-1 荷花

学名：*Nelumbo nucifera*

【科属】睡莲科，睡莲属。

【形态特征】多年生水生草本；根状茎横生，肥厚，节间膨大，内有多数纵行通气孔道，节部缢缩；叶圆形，盾状，直径 25～90 厘米，表面深绿色，被蜡质白粉覆盖，背面灰绿色，全缘稍呈波状，叶柄粗壮，圆柱形，长 1～2 米，中空，外面散生小刺；花单生于花梗顶端、高托水面之上，花径 10～20 厘米，美丽，芳香；有单瓣、复瓣、重瓣及重台等花型；花色有白、粉、深红、淡紫色、黄色或间色等变化；坚果椭圆形，果皮革质，坚硬，熟时黑褐色，种子（莲子）卵形或椭圆形，种皮红色或白色；花期 6～9 月，每日晨开暮闭，果期 8～10 月。

【生态习性】荷花喜相对稳定的平静浅水、湖沼、泽地、池塘；生育期需要全光照的环境；极不耐阴，在半阴处生长就会表现出强烈的趋光性。

【园林应用】荷花可作专类园，常在山水园林中作为主题水景植物，群体花期在 2～3 个月。夏秋时节，人乏蝉鸣，桃李无言，亭亭荷莲在一汪碧水中散发着沁人清香，使人心旷神怡（图 5-25-2）。

图 5-25-2 荷花景观

94. 睡莲（图 5-25-3）

别名：子午莲、水芙蓉、芙蕖

学名：*Nymphaea tetragona*

【科属】睡莲科，睡莲属。

图 5-25-3 睡莲

【形态特征】多年生浮叶型水生草本植物，根状茎肥厚，直立或匍匐；叶近圆形，全缘，叶正面绿色，光亮，背面紫红色；花单生，萼片 4～5 枚，呈绿色或紫红色，花色有红、粉红、蓝、紫、白等，花瓣有单瓣、多瓣、重瓣；果实卵形

至半球形，在水中成熟，不整齐开裂；种子小，椭圆形或球形；花期6～8月，果期8～10月。

【生态习性】睡莲喜阳光、通风良好的环境，对土质的要求不严，生于池沼、湖泊中，在一些公园的水池中常有栽培。

【园林应用】睡莲为花、叶俱美的观赏植物，在古希腊、罗马最初被敬为女神供奉，16世纪被意大利的公园多用来装饰喷泉池或点缀厅堂外景。现欧美园林中选用睡莲作水景主题材料极为普遍。我国在2000年前汉代私家园林中已有睡莲的应用（图5-25-4）。

图5-25-4 睡莲景观

5.26 鸢尾科

鸢尾科约有60属800种，广泛分布于全世界的热带、亚热带及温带地区，分布中心在非洲南部及美洲热带；我国产11属（其中野生的3属，引种栽培的8属）71种，主要是鸢尾属植物，多数分布于西南、西北及东北各地。

95. 鸢尾（图5-26-1）

别名：紫蝴蝶、蓝蝴蝶、扁竹花

学名：*Iris tectorum*

【科属】鸢尾科，鸢尾属。

【形态特征】草本，根状茎粗壮，二歧分枝，斜伸；叶基生，黄绿色，宽剑形，有数条不明显的纵脉；花茎光滑，花单生，苞片2～3枚，绿色，草质，花蓝紫色，雄蕊3，花药多外向开裂；花柱1，上部多有3个分枝，分枝圆柱形或扁平呈花瓣状；蒴果球形，种子球形；花期4～5月，果期6～8月。

图5-26-1 鸢尾

【生态习性】鸢尾的耐寒性较强，适宜生长在适度湿润，排水良好，富含腐殖质、略带碱性的黏性土壤中；生于沼泽土壤或浅水层中；喜阳光充足、凉爽气候，耐寒力强，亦耐半阴环境。

【园林应用】鸢尾叶片碧绿青翠，花形大而奇，宛若翩翩彩蝶，是庭园中的重要花卉之一，也是优美的盆花、切花和花坛用花。鸢尾花色丰富，花型奇特，是花坛及庭院绿化的良好材料，也可用作地被植物，有些种类为优良的鲜切花材料（图 5-26-2）。

图 5-26-2　鸢尾景观

5.27　美 人 蕉 科

96. 大花美人蕉（图 5-27-1）

别名：法国美人蕉、昙华

学名：*Canna×generalis*

【科属】美人蕉科，美人蕉属。

【形态特征】多年生草本，高可达 1.5 米；茎、叶和花序均被白粉；叶片椭圆形，长达 40 厘米，宽达 20 厘米；总状花序疏花，花红色，单生，萼片 3 枚，披针形，绿色而有时染红；蒴果绿色，长卵形，有软刺；花果期 4～10 月。

【生态习性】大花美人蕉性强健，适应性强，几乎不择土壤，以湿润肥沃的疏松沙壤土为好，稍耐水湿，畏强风。

【园林应用】大花美人蕉花大色艳，色彩丰富，株形好，栽培容易，观赏价值很高，可盆栽，也可地栽，装饰花坛（图 5-27-2）。

图 5-27-1　大花美人蕉

图 5-27-2　大花美人蕉景观

技能实训　被子植物主要科的特征识别

一、实训目的

通过实地识别与调查，能掌握被子植物主要科的鉴别特征，正确识别园林植物的种类及园林应用，为园林植物的合理配植提供实践依据。

二、实训场所

校内实验室（观察被子植物标本）、校园或公园内（观察被子植物种类）。

三、实训器材

笔、记录表、卷尺、测高器、数码相机、植物检索表、植物志、图鉴等。

四、内容和方法

1）教师现场讲解，指导学生识别。

2）学生分组活动，观察树木的形态，确定树木名称，根据植物检索表或树木识别手册进行树种识别；记录科的识别要点，每种树木的名称、科属、生态习性、观赏特性和园林应用；拍摄照片。

3）分组讨论后，教师核对并讲解树种识别要点，总结树种的种类及园林应用的效果。

五、实训作业

以小组为单位填写被子植物主要科树种的调查记录表（表 5-实-1），各组制作 PPT，并进行交流讨论。

表 5-实-1　被子植物主要科树种的调查记录表

观察时间：　　　　　　　　　　　　　　　　观察人：

序号	树木名称	科属	形态特征	最佳观花观果期	园林用途	备注

六、考核评估

被子植物主要科的识别要点（口试）。

思考与练习

1. 名词解释

被子植物

2. 选择题

1）树皮呈大薄片状剥落的乔木是（　　）。

A．刺槐　　B．悬铃木　　C．垂柳　　D．毛白杨

2）在蔷薇科植物中，茎上具有钩状皮刺的是（　　），茎枝密生倒刺的是（　　）。

A．紫叶小檗　　B．玫瑰　　C．垂柳　　D．仙人掌

3）叶片心形的常用园林植物是（　　）。

A．女贞　　B．樱花　　C．柳树　　D．丁香

4）叶片质地坚硬、呈剑形的园林常用绿地点缀植物是（　　）。

A．凤尾兰　　B．蝎子草　　C．鸢尾　　D．萱草

5）枝开展或下垂、中空的常用园林灌木植物是（　　）。

A．珍珠梅　　B．锦带花　　C．连翘　　D．榆叶梅

6）常用于墙边、河岸绿化，卷须与叶对生，掌状复叶 5 小叶的藤本植物是（　　）。

A．地锦　　B．紫藤　　C．五叶地锦　　D．多花紫藤

7）在常用藤本植物中，羽状复叶互生、茎左旋的是（　　）。

A．紫藤　　B．多花紫藤　　C．地锦　　D．葡萄

8）北京香山的红叶是（　　）的叶。

A．红枫　　B．枫香　　C．黄栌　　D．红叶李

9）常用作行道树，树干通直，幼树树皮灰白、平滑，具菱形皮孔的乔木是（　　）。

A．悬铃木　　B．白蜡　　C．毛白杨　　D．国槐

10）根状茎粗壮，叶宽剑形，花为蓝紫色的常用作园林地被植物是（　　）。

A．鸢尾　　B．萱草　　C．凤尾兰　　D．玉簪

11）槭树科中，果翅展开为钝角，长约为果核之 2 倍的是（　　）。

A．元宝槭　　B．三角槭　　C．五角槭　　D．鸡爪槭

12）常用于园林绿化，小叶 13～21 枚，卵状披针形，圆锥花序，小白花似珍珠的灌木是（　　）。

A．珍珠梅　　B．女贞　　C．石楠　　D．海桐

13）对连翘描述错误的一项是（　　）。

A．枝中空　　B．花先叶开放

C．花冠钟状，黄色　　D．蒴果，种无翅

14）女贞的叶缘类型为（　　）。

A．细锯齿　　B．重锯齿　　C．波状　　D．全缘

15）下列植物中枝干色彩为灰白色的是（　　）。

A．火炬树　　B．胡桃　　C．鸡爪槭　　D．栾树

16）果近球形，红色，有白色皮孔，既可用于园林观赏，又是经济树种的是（　　）。

A．苹果　　B．石榴　　C．山楂　　D．樱桃

17）落叶丛生灌木，枝四棱形，叶对生，三出复叶，花先叶开放的木犀科植物是（　　）。

A．连翘　　B．迎春　　C．女贞　　D．金钟花

18）在漆树科中，秋季树叶变红，是常用的彩色树种的是（　　）。

A．紫叶李　　B．五叶地锦　　C．火炬树　　D．红瑞木

19）在忍冬科中，果 2 个合生，外面密被刚刺毛的是（　　）。

A．锦带花　　B．金银木　　C．猬实　　D．天目琼花

20）多丛植于花境或路边栽植，根状茎粗短，叶线状披针形，花橘红色至橘黄色的园林植物是（　　）。

A．凤尾兰　　B．鸢尾　　C．萱草　　D．玉簪

21）豆科分为云实亚科、蝶形花亚科和（　　）。

A．蔷薇亚科　B．含羞草亚科　C．李亚科　D．绣线菊亚科

22）可用作行道树，二回羽状复叶，头状花序，花丝粉红是含羞草亚科中（　　）的特点。

A．栾树　B．合欢　C．刺槐　D．白蜡

23）小枝细长下垂，叶狭披针形，喜生于河岸两边湿地的是（　　）。

A．杨树　B．合欢　C．刺槐　D．柳树

24）叶基稍不对称，缘有不规则单锯齿，翅果先端有缺刻是（　　）具有的特点。

A．杨树　B．女贞　C．榆树　D．臭椿

25）羽状复叶，叶轴具窄翅，果序下垂长达40厘米，坚果具2斜上伸展之翅是（　　）的特点。

A．合欢　B．枫杨　C．国槐　D．五角槭

3. 简答题

比较下列常用园林植物在形态上的差异。

1）月季和玫瑰。

2）槐和刺槐。

3）五叶地锦和地锦。

4）三角槭、元宝槭和五角槭。

5）连翘和金钟花。

6）香椿和臭椿。

参考文献

鲍平秋，2010．园林植物的生态类群与应用[M]．北京：科学出版社．

陈有民，2011．园林树木学[M]．2版．北京：中国林业出版社．

董丽，包志毅，2021．园林植物学[M]．2版．北京：中国建筑工业出版社．

董世林，1994．植物资源学[M]．哈尔滨：东北林业大学出版社．

高润清，2001．园林树木学[M]．北京：气象出版社．

龚雪梅，闫娜，2015．园林树木[M]．北京：科学出版社．

郭成源，2006．园林设计树种手册[M]．北京：中国建筑工业出版社．

冷平生，2003．园林生态学[M]．北京：中国农业出版社．

刘常富，陈玮，2003．园林生态学[M]．北京：科学出版社．

刘燕，2016．园林花卉学[M]．北京：中国林业出版社．

龙雅宜，2011．常见园林植物认知手册[M]．北京：中国林业出版社．

毛龙生，2003．观赏树木学[M]．南京：东南大学出版社．

潘利，姚军，2012．园林植物识别与应用[M]．北京：北京大学出版社．

潘文明，2001．观赏树木[M]．北京：中国农业出版社．

齐海鹰．2008．园林植物栽培[M]．北京：机械工业出版社．

邱国金，2011．园林乔木[M]．南京：江苏教育出版社．

苏雪痕，1994．植物造景[M]．北京：中国林业出版社．

田如男，祝遵凌，2007．园林树木栽培学[M]．南京：东南大学出版社．

王国东，周兴元，2015．园林植物栽培[M]．2版．北京：中国林业出版社．

熊济华，1998．观赏树木学[M]．北京：中国农业出版社．

徐绒娣，2014．园林植物识别与应用[M]．北京：机械工业出版社．

徐晔春，吴棣飞，2010．观赏乔木[M]．北京：中国电力出版社．

张守润，杨福林，2007．植物学[M]．北京：化学工业出版社．

张天麟，2010．园林树木1600种[M]．北京：中国建筑工业出版社．

祝遵凌，2019．园林植物景观设计[M]．2版．北京：中国林业出版社．

卓丽环，2006．园林树木[M]．北京：高等教育出版社．